建筑结构基础与识图

主　编　孟　敏　　张宗玉　　王欲秋
副主编　杨宗帅　　雷笛婉　　曹志帮
　　　　马文亭　　冷　超　　马士志
　　　　孟永升　　董　潇　　王翰超
　　　　陈晓文　　杨金玮　　赵国平

图书在版编目（CIP）数据

建筑结构基础与识图 / 孟敏，张宗玉，王欲秋主编
. -- 长春：吉林科学技术出版社，2022.9
ISBN 978-7-5578-9792-5

Ⅰ. ①建… Ⅱ. ①孟… ②张… ③王… Ⅲ. ①建筑结
构②建筑结构－建筑制图－识图 Ⅳ. ①TU3②TU204.21

中国版本图书馆 CIP 数据核字(2022)第 179533 号

建筑结构基础与识图

主　　编	孟　敏　张宗玉　王欲秋
出 版 人	宛　霞
责任编辑	周振新
封面设计	南昌德昭文化传媒有限公司
制　　版	南昌德昭文化传媒有限公司
幅面尺寸	185mm×260mm
字　　数	330 千字
印　　张	15.25
印　　数	1-1500 册
版　　次	2022年9月第1版
印　　次	2023年4月第1次印刷

出　　版	吉林科学技术出版社
发　　行	吉林科学技术出版社
地　　址	长春市福祉大路5788号
邮　　编	130118
发行部电话/传真	0431-81629529 81629530 81629531
	81629532 81629533 81629534
储运部电话	0431-86059116
编辑部电话	0431-81629518
印　　刷	三河市嵩川印刷有限公司

书　　号	ISBN 978-7-5578-9792-5
定　　价	105.00元

前　　言

　　工程项目的施工必须根据设计图纸展开。工程图纸是按照一定的原理、规划和方法绘制而形成的。工程图纸能准确地表达房屋建筑及构配件的形状、大小、材料组成、构造方法、有关施工技术要求等内容。同时，工程图纸也是表达设计意图、交流技术思想、研究设计方案、审批建设项目、指导和组织施工、对工程进行质量检查与验收、编制工程预算和决算、确定工程造价的重要依据。因此，工程图纸被称为"工程技术界的语言"。

　　近年来，中国城镇化步伐不断加快，新的建筑材料和构配件也不断出现，同时，建筑设计国家标准、各种规范也相继修订或出台。

　　"建筑构造基础与识图"是建筑类各专业的一门既有系统理论又有较多社会实践的重要专业技能基础课程，是学生在专业学习阶段接触最早、应用最广泛的专业基础课程之一。传统教材在内容设置的深度以及广度、教学环节的先后顺序安排等方面不适用于新时代背景下职业教育的新思路。

　　为积极推进课程改革和教材建设，满足高等教育教学改革和发展的需要，我们根据高职高专院校建筑施工技术、建设工程监理、工程造价等相关专业的教学要求和人才培养方案，组织编写了本书。

　　为了适应这种全新的时代要求，使高校教材建设与行业发展紧密结合，我们以最新的国家标准和行业标准为基本规范，充分调查研究当前高校建筑与环境艺术设计等设计专业的教学情况后，编写了这本《建筑构造基础与识图》。在编写过程中，结合土木工程类相关知识，真正让读者能较为全面系统地了解建筑制图及识图的相关内容。本书在保持知识体系完整和严谨的基础上，内容安排方面力求简练，结构方面追求紧凑。因此，内容精炼、重难点突出、难易适当、图文并茂、实例典型是本书的几个显著特点。

　　本书利用有限的教学资源，整合课程中知识技能培养的侧重方向，面向施工员、资料员、造价员等施工一线工作岗位，有针对性地结合人才需求培养学生的工程图纸识读能力、简单图样的绘制能力以及对房屋建筑构造的认知和表达能力。

　　本书具有以下特色：

　　（1）根据国家相关现行规范编写，内容新颖，紧密结合行业发展需要。

　　（2）把建筑构造知识融入建筑识图中，分模块编排教学内容。课程模块以"学习、知识和技能目标—章节内容介绍—实训练习"的形式，构建了问题引入、课程学习、实训练习的全过程教学环节，有助于学生思考、复习和巩固所学的知识。

（3）在章节安排上，结构层次分明，注重理论与实际相结合，加大了实践运用的力度。

（4）识图模块中引用的图纸案例为某仿真模拟软件中的一套图纸，可结合理论知识和仿真模拟软件开展线上和线下互动教学，简单易懂，利于初学者理解掌握。

本书既可作为高等院校房屋建筑工程、工程造价管理、建筑装饰技术、房地产企业管理、环境艺术设计专业的教材，也可作为函授、自考辅导用书或建筑相关从业人员的学习参考书。在编写过程中，编者参考了大量优秀教材或者著作，部分列于本书最后的参考文献。编者在此向这些资料的作者表示崇高的敬意和诚挚的谢意！

由于编者水平有限，书中疏漏和不妥之处在所难免，恳请读者批评指正！

目　录

第一章 建筑构造概论

第一节 建筑物的分类

一、按使用功能分类

（一）民用建筑

民用建筑即非生产性建筑，民用建筑可以分为居住建筑和公共建筑。

1. 居住建筑

居住建筑是指供人们工作、学习、生活、居住用的建筑物，如住宅、宿舍、公寓等。

2. 公共建筑

公共建筑是人们从事政治文化活动、行政办公、商业、生活服务等公共事业所需要的建筑物。公共建筑按性质不同又可分为下列15类：

（1）行政办公建筑：如各类办公楼、写字楼等；

（2）文教建筑：如教学楼、图书馆等；

（3）托幼建筑：如托儿所、幼儿园等；

（4）医疗卫生建筑：如医院、疗养院、养老院等；

（5）观演性建筑：电影院、剧院、音乐厅等；

（6）体育建筑：如体育馆、体育场、训练馆等；

（7）展览建筑：如展览馆、文化馆、博物馆等；

（8）旅馆建筑：如宾馆、招待所、旅馆等；

（9）商业建筑：如商店、商场、专卖店等；

（10）电信、广播电视建筑：如邮政楼、广播电视楼、电信中心等；

（11）交通建筑：如车站、航站客运站等；

（12）金融建筑：如储蓄所、银行、商务中心等；

（13）饮食建筑：如餐馆、食品店等；

（14）园林建筑：如公园、动物园、植物园等；

（15）纪念建筑：如纪念碑、纪念堂等。

（二）工业建筑

工业建筑即生产性建筑，指为工业生产服务的生产车间及为生产服务的辅助车间、动力用房、仓储建筑等。

（三）农业建筑

农业建筑指供农（牧）业生产和加工用的建筑，如种子库、温室、畜禽饲养场、农副产品加工厂、农机修理厂（站）等。

二、按建筑规模和数量分类

（一）大量性建筑

指建筑规模不大，但修建数量多，与人们生活密切相关的分布面广的建筑，如住宅、中小学教学楼、医院、中小型影剧院、中小型工厂等。

（二）大型性建筑

指规模大、耗资多的建筑，如大型体育馆，大型剧院，航空港、站，博物馆，大型工厂等。与大量性建筑相比，其修建数量是很有限的，这类建筑在一个国家或一个地区具有代表性，对城市面貌的影响也较大。

三、按建筑层数和总高度分类

（一）住宅按层数分类

（1）低层住宅：一般指有 1～3 层的住宅；
（2）多层住宅：一般指有 4～6 层的住宅；
（3）中高层住宅：一般指有 7～9 层的住宅；
（4）高层住宅：一般指有 10 层及 10 层以上的住宅。

由于低层住宅占地较多，因此在城市中应当控制建造。按照《住宅设计规范》（GB 50096—2011）的规定，7 层及 7 层以上或住宅入口层楼面距室外设计地面的高度超过 16m 以上的住宅必须设置电梯。由于设置电梯将会增加建筑的造价和使用维护费用，因此应当适当控制中高层住宅的修建。

（二）其他民用建筑按高度分类

建筑高度：指自室外设计地面到建筑主体檐口顶部的垂直高度。
（1）普通建筑：建筑高层不超过 24m 的民用建筑和建筑高度超过 24m 的单层民用建筑。
（2）高层建筑：建筑高层超过 24m 的民用建筑和 10 层及 10 层以上的居住建筑。
（3）超高层建筑：建筑物高度超过 100m 时，不论住宅或公共建筑均为超高层。

这里需要注意的是，建筑高度按《建筑设计防火规范》（GB 50016—2014）的规定来确定。

建筑高度的计算：当为坡屋面时，应为建筑物室外设计地面到其檐口的高度；当为平屋面（包括有女儿墙的平屋面）时，应为建筑物室外设计地面到其屋面面层的高度；当同一座建筑物有多种屋面形式时，建筑高度应按上述方法分别计算后取其中最大值。局部突出屋顶的瞭望塔、冷却塔、水箱间、微波天线间或设施、电梯机房、排风和排烟机房以及楼梯出口小间等，可不计入建筑高度内。

四、按承重结构的材料分类

（一）木结构建筑

木结构建筑是指以木材作房屋承重骨架的建筑。木结构具有自重轻、构造简单、施工方便等优点，我国古代建筑大多采用木结构。但木材易腐不防火，再加上我国森林资源较少，所以木结构建筑已很少采用。

（二）砌体结构建筑

砌体结构建筑是指以砖或石材为承重墙柱和楼板的建筑。这种结构便于就地取材，能节约钢材、水泥，并降低造价，但抗害性能差、自重大。

（三）钢筋混凝土结构建筑

钢筋混凝土结构建筑是指以钢筋混凝土作承重结构的建筑，如框架结构、剪力墙结构、框剪结构、筒体结构等，具有坚固耐久、防火和可塑性强等优点，故应用较为广泛。

（四）钢结构建筑

钢结构建筑是指以型钢等钢材作为房屋承重骨架的建筑。钢结构力学性能好、便于制作和安装、工期短、结构自重轻，适宜超高层和大跨度建筑中采用。随着我国高层和大跨度建筑的发展，采用钢结构的趋势正在增长。

（五）混合结构建筑

混合结构建筑是指采用两种或两种以上材料作承重结构的建筑。如由砖墙、木楼板构成的砖木结构建筑；由砖墙、钢筋混凝土楼板构成的砖混结构建筑；由钢屋架和混凝土（或柱）构成的钢混结构建筑。其中砖混结构在大量民用建筑中应用最广泛；钢混结构多用于大跨度建筑；砖木结构由于木材资源的缺乏而极少采用。

五、按照结构的承重方式分类

（一）墙承重结构建筑

墙承重结构建筑是由墙体作为建筑物的承重构件，承受楼板及屋顶传来的全部荷载，并把荷载传给基础的一种结构体系，有夯土墙结构、砌体墙结构、钢筋混凝土剪力墙体结构等。

其特点是墙体既是承重构件又是围护或者分隔构件，由于楼板的经济跨度的影响，其房间开间和进深都受到一定限制，很难形成大空间，所以一般用于小开间建筑（如住宅、宿舍、医院、旅馆等）。

（二）骨架承重结构建筑

骨架承重结构建筑是由钢筋混凝土或钢材制作的梁、板、柱形成的骨架来承担荷载的建筑。常用的骨架承重结构体系有框架结构、框-剪结构、框-筒结构、板柱结构、拱结构、排架结构等。在骨架承重结构体系中，内外墙体均不承重，所以墙体可以灵活布置；较为适用于灵活分隔空间的建筑物，或是内部空旷的建筑物，且建筑物立面处理也比较灵活，如商场、教学楼、工业厂房等。

（三）空间结构建筑

空间结构建筑是指结构呈三维形态，具有三维受力特性并呈现空间工作状态的结构体系。常用的空间结构体系有折板结构、薄壳结构、网架结构、悬索结构及膜结构等。随着建筑业的发展和技术的进步，涌现出越来越多优秀的空间结构建筑，如北京奥运场馆的"鸟巢""水立方"等就是其代表作。

第二节　建筑物的等级划分

建筑物的等级一般从耐久性和耐火性来进行划分。

一、按建筑物的耐久性能分类

建筑物的耐久等级的指标是设计使用年限。建筑合理使用年限主要指建筑主体设计使用年限，主要根据建筑物的重要性和规模大小划分，作为基建投资和建筑设计的重要依据。按国家标准《建筑结构可靠度设计统一标准》（GB 50068—2018）和《民用建筑设计统一标准》（GB50352-2019）中的规定：建筑的设计使用年限分4类，如表1-1。

表1-1　建筑物耐久等级表

类别	设计使用年限／年	示例
1	5	临时性建筑
2	25	易于替换结构构件的建筑
3	50	普通建筑和构建物
4	100	纪念性建筑和特别重要的建筑

二、按建筑物的耐火性能分类

所谓耐火等级，是衡量建筑物耐火程度的标准，它是由组成建筑物的构件的燃烧性能和耐火极限的最低值所决定的。划分建筑物耐火等级的目的在于根据建筑物的用途不同提出不同的耐火等级要求，做到既有利于安全，又有利于节约基本建设投资。现行《建筑设计防火规范》（GB 50016—2014）规定将建筑物的耐火等级划分为4级，如表1-2所示。

表1-2　建筑物构件的燃烧性能和耐火极限　　　　单位：h

名称		耐火等级			
	构件	一级	二级	三级	四级
墙	防火墙	不燃烧体 3.00	不燃烧体 3.00	不燃烧体 3.00	不燃烧体 3.00
	承重墙	不燃烧体 3.00	不燃烧体 2.50	不燃烧体 2.00	难燃烧体 0.50
	非承重外墙	不燃烧体 1.00	不燃烧体 1.00	不燃烧体 0.50	燃烧体
	楼梯间的墙电梯井的墙住宅单元之间的墙住宅分户墙	不燃烧体 2.00	不燃烧体 2.00	不燃烧体 1.50	难燃烧体 0.50
	疏散走道两侧的隔墙	不燃烧体 1.00	不燃烧体 1.00	不燃烧体 0.50	难燃烧体 0.25
	房间隔墙	不燃烧体 0.75	不燃烧体 0.50	难燃烧体 0.50	难燃烧体 0.25
柱		不燃烧体 3.00	不燃烧体 2.50	不燃烧体 2.00	难燃烧体 0.50
梁		不燃烧体 2.00	不燃烧体 1.50	不燃烧体 1.00	难燃烧体 0.50
楼板		不燃烧体 1.50	不燃烧体 1.00	不燃烧体 0.50	燃烧体
屋顶承重构件		不燃烧体 1.50	不燃烧体 1.00	燃烧体	燃烧体
疏散楼梯		不燃烧体 1.50	不燃烧体 1.00	不燃烧体 0.50	燃烧体
吊顶（包括吊顶搁栅）		不燃烧体 0.25	难燃烧体 0.25	难燃烧体 0.15	燃烧体

注：①除规范另有规定外，以木柱承重且以不燃烧材料作为墙体的建筑物，其耐火等级应按四级确定；

②二级耐火等级建筑的吊顶采用不燃烧体时，其耐火极限不限；

③在二级耐火等级的建筑中，面积不超过100m²的房间隔墙，如执行本表的规定确有困难时，可采用耐火极限不低于0.3h的不燃烧体。

④一、二级耐火等级建筑疏散走道两侧的隔墙，按本表规定执行确有困难时，可采用0.75h不燃烧体。

（一）建筑构件的燃烧性能分类

（1）非燃烧体：指用非燃烧材料做成的建筑构件，如天然石材、人工石材、金属材料等。

（2）燃烧体：指用容易燃烧的材料做成的建筑构件，如木材、纸板、胶合板等。

（3）难燃烧体：指用不易燃烧的材料做成的建筑构件，或者用燃烧材料做成，但用非燃烧材料作为保护层的构件，如沥青混凝土构件、木板条抹灰等。

（二）建筑构件的耐火极限

所谓耐火极限，是指任一建筑构件在规定的耐火试验条件下，从受到火的作用时起，到失去支持能力或完整性被破坏或失去隔火作用时为止的这段时间，用 h 表示。只要以下 3 个条件中任一个条件出现，就可以确定是否达到其耐火极限。

（1）失去支持能力：指构件在受到火焰或高温作用下，构件材质性能的变化，使承载能力和刚度降低，承受不了原设计的荷载而破坏。例如：受火作用后的钢筋混凝土梁失去支承能力，钢柱失稳破坏，非承重构件自身解体或垮塌等，均属失去支持能力。

（2）完整性被破坏：指薄壁分隔构件在火中高温作用下，发生爆裂或局部塌落，形成穿透裂缝或孔洞，火焰穿过构件，使其背面可燃物燃烧起火。例如：受火作用后的板条抹灰墙，内部可燃板条先行自燃，一定时间后，背火面的抹灰层龟裂脱落，引起燃烧起火；预应力钢筋混凝土楼板使钢筋失去预应力，发生炸裂，出现孔洞，使火苗蹿到上层房间。在实际中这类火灾相当多。

（3）失去隔火作用：指具有分隔作用的构件，背火面任一点的温度达到220℃时，构件失去隔火作用。例如：一些燃点较低的可燃物（纤维系列的棉花、纸张、化纤品等）烤焦后导致起火。

第三节　建筑物的构造组成及其作用

一幢建筑一般是由基础、墙或柱、楼板层和地坪、楼梯、屋顶和门窗六大部分组成，如图 1-1 所示。

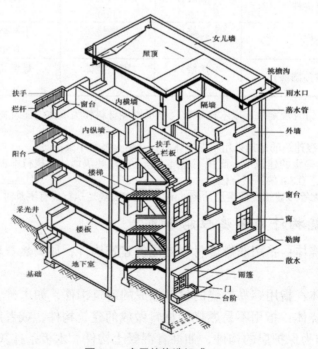

图 1-1　房屋的构造组成

一、基础

基础是建筑物最下部的承重构件，其作用是承受建筑物的全部荷载，并将这些荷载传给地基。因此，基础必须具有足够的强度，并能抵御地下各种有害因素的侵蚀。

二、墙（或柱）

墙体是建筑物的承重构件和围护构件。作为承重构件的外墙，其作用是抵御自然界各种因素对室内的侵袭；内墙主要起分隔空间及保证舒适环境的作用。框架或排架结构的建筑物中，柱起承重作用，墙仅起围护作用。因此，要求墙体具有足够的强度、稳定性、保温、隔热、防水、防火、耐久及经济等性能。

三、楼板层和地坪

楼板是水平方向的承重构件，按房间层高将整幢建筑物沿水平方向分为若干层，楼板层承受家具、设备和人体荷载以及本身的自重，并将这些荷载传给墙或柱，同时对墙体起着水平支撑的作用。因此要求楼板层应具有足够的抗弯强度、刚度和隔声、防潮及防水的性能。

地坪是底层房间与地基土层相接的构件，起承受底层房间荷载的作用。要求地坪具有耐磨、防潮、防水、防尘和保温的性能。

四、楼梯

楼梯是楼房建筑的垂直交通设施，供人们上下楼层和紧急疏散之用，故要求楼梯具有足够的通行能力，并且防滑、防火，能保证安全使用。

五、屋顶

屋顶是建筑物顶部的围护构件和承重构件，抵抗风、雨、雪霜、冰雹等的侵袭和太阳辐射热的影响，又承受风雪荷载及施工、检修等屋顶荷载，并将这些荷载传给墙或柱，故屋顶应具有足够的强度、刚度及防水、保温、隔热等性能。

六、门与窗

门与窗均属非承重构件，也称为配件。门主要供人们出入和分隔房间用，窗主要起通风、采光、分隔、眺望等围护作用。处于外墙上的门窗又是围护构件的一部分，要满足热工及防水的要求；某些有特殊要求的房间，门、窗应具有保温、隔声、防火的能力。

一座建筑物除上述六大基本组成部分以外，对不同使用功能的建筑物，还有许多特有的构件和配件，如阳台、雨篷、台阶、排烟道等。

第四节 建筑模数协调统一标准

为了实现工业化大规模生产,使不同材料、不同形式和不同制造方法的建筑构配件、组合件具有一定的通用性和互换性,在建筑业中必须共同遵守《建筑模数协调标准》(GB/T5002—2013),以下简称模数标准。

建筑模数是指选定的尺寸单位,作为尺度协调中的增值单位,也是建筑设计、建筑施工、建筑材料与制品、建筑设备、建筑组合件等各部门进行尺度协调的基础,其目的是使构配件安装吻合,并有互换性。建筑模数分为基本模数和导出模数,导出模数分为扩大模数和分模数。

一、基本模数

基本模数的数值规定为 100 mm(1 M=100 mm),整个建筑物和建筑物的一部分以及建筑部件的模数化尺寸均应是基本模数的倍数。

二、导出模数

导出模数分为扩大模数和分模数。

(1)扩大模数,指基本模数的整倍数,扩大模数的基数为 3,6,12,15,30,60M 共 6 个,其相应的尺寸分别为 300,600,1200,1500,3000,6000mm 作为建筑参数;

(2)竖向扩大模数的基数为 3M 和 6M,其相应尺寸为 300、600;

(3)分模数,指整数除以基本模数的数值,分模数的基数为 1/10,1/5,1/2M 共 3 个,其相应的尺寸为 10,20,50mm。

三、模数数列

模数数列指由基本模数、扩大模数、分模数为基础扩展成的一系列尺寸。

建筑物的开间或柱距、进深或跨度、梁、板、隔墙和门窗洞口宽度等分部件的截面尺寸宜采用水平基本模数和水平扩大模数数列,且水平扩大模数数列宜采用 2n M,3n M(n 为自然数)。

建筑物的高度、层高和门窗洞口高度等宜采用竖向基本模数和竖向扩大模数数列,且竖向扩大模数数列宜采用 n M。

构造节点和分部件的接口尺寸等宜采用分模数数列,且分模数数列宜采用 M/10,M/5,M/2。

四、3种尺寸

（一）标志尺寸

标志尺寸应符合模数数列的规定，用以标注建筑物定位轴线之间的距离（如跨度、柱距、层高等），以及建筑制品、构配件、有关设备位置界限之间的尺寸。

（二）构造尺寸

构造尺寸是建筑制品、构配件等生产的设计尺寸。一般情况下，构造尺寸加上缝隙尺寸等于标志尺寸。缝隙尺寸的大小，宜符合模数数列的规定。

（三）实际尺寸

实际尺寸是建筑制品、建筑构配件等的实有尺寸。实际尺寸与构造尺寸之间的差数，应由允许偏差值加以限制。

标志尺寸、构造尺寸与两者之间缝隙尺寸的关系如图1-2所示。

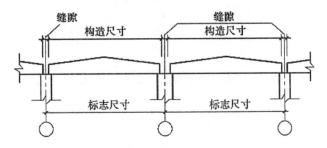

图1-2 3种尺寸间的关系

第五节 定位轴线

定位轴线是确定建筑物主要承重构件位置的基准线，是施工定位、放线的重要依据，用于平面时称为平面定位轴线，用于竖向时称为竖向定位线。定位轴线之间的距离（如开间、进深、层高等）应符合模数数列的规定。规定定位轴线的布置以及结构构件与定位轴线联系的原则，是为了统一与简化结构或构件尺寸和节点构造，减少规格类型，提高互换性和通用性，满足建筑工业化生产要求。

一、平面定位轴线的编号

平面定位轴线分为横向定位轴线和纵向定位轴线，横向定位轴线的编号应从左至右用阿拉伯数字注写；纵向定位轴线的编号应自下向上用大写拉丁字母编写，如图1-3所示。其中字母I，O，Z不得用于轴线编号，以免与数字1，0，2混淆。字母数字不够，可用AA，BB或A1，B1等标注，定位轴线分区注写，注写形式为"分区号—该区轴线号"，如图1-4所示。

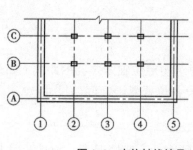

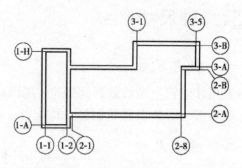

图1-3　定位轴线编号　　　　图1-4　定位轴线分区编号

　　在建筑设计中经常把一些次要的建筑构件用附加轴线进行编号，如非承重墙、装饰柱等。附加轴线应以分数表示，如图1-5所示。

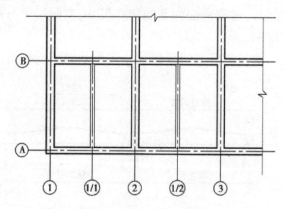

① 表示1轴线之后附加的第一条轴线

② 表示2轴线之后附加的第一条轴线

图1-5　附加定位轴线编号

二、平面定位轴线

（一）砖混结构建筑

1. 承重外墙的定位轴线

承重外墙平面定位轴线与外墙内缘相距为120mm，如图1-6（a）所示。

2. 承重内墙的定位轴线

承重内墙的平面定位轴线应与顶层墙体中线重合，如图1-6（b）所示。当内墙厚度≥370mm时，为了便于圈梁或墙内竖向孔道的通过，往往采用双轴线形式，如图1-6（c）所示。有时根据建筑空间的要求，也可以把平面定位轴线设在距离内墙某一外缘120mm处，如图1-6（d）所示。

3. 非承重墙定位轴线

由于非承重墙没有支撑上部水平承重构件的任务，因此，平面定位轴线的定位就比较灵活。非承重墙除了可按承重墙定位轴线的规定定位之外，还可以使墙身内缘与平面定位轴线重合。

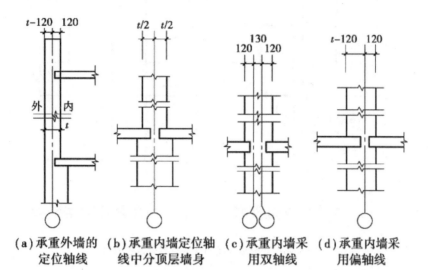

(a) 承重外墙的　　(b) 承重内墙定位轴　(c) 承重内墙采　(d) 承重内墙采
　　定位轴线　　　线中分顶层墙身　　　用双轴线　　　　用偏轴线

图 1-6　承重墙的定位轴线

4. 带壁柱外墙定位轴线

带壁柱外墙的墙体内缘与平面定位轴线重合，如图 1-7（a）、图 1-7（b）所示；或距墙体内缘 120mm 处与平面定位轴线重合，如图 1-7（c）、图 1-7（d）所示。

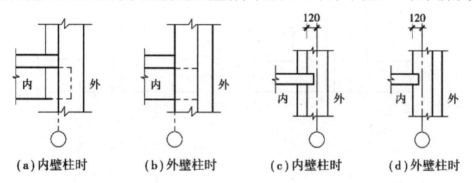

(a) 内壁柱时　　　(b) 外壁柱时　　　(c) 内壁柱时　　　(d) 外壁柱时

图 1-7　带壁柱外墙的定位轴线

5. 变形缝处定位轴线

为了满足变形缝两侧结构处理的要求，变形缝处通常设置双轴线。

（1）当变形缝处一侧为墙体、另一侧为墙垛时，墙剁的外缘应与平面定位轴线重合。当墙体是外承重墙时，平面定位轴线距顶层墙内缘 120mm，如图 1-8（a）所示；当墙体是非承重墙时，平面定位轴线应与顶层墙内缘重合，如图 1-8（b）所示。

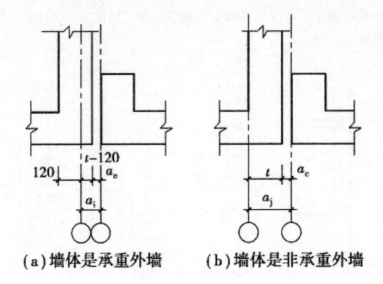

(a)墙体是承重外墙　　(b)墙体是非承重外墙

图 1-8　变形缝外墙与墙垛交界处定位轴线

（2）当变形缝两侧均为墙体时，如两侧墙体均为承重墙时，平面定位轴线应分别设在距顶层墙内缘 120mm 处，如图 1-9（a）所示；当两侧墙体均按非承重墙处理时，平面定位轴线应分别与顶层墙体内缘重合，如图 1-9（b）所示。

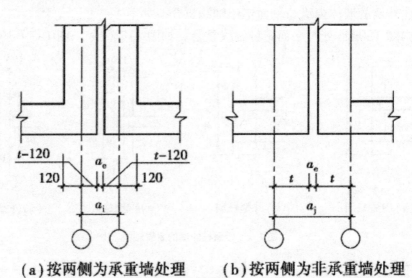

(a)按两侧为承重墙处理　　(b)按两侧为非承重墙处理

图 1-9　变形缝处双墙的定位轴线

（3）当变形缝处两侧墙体带联系尺寸时，其平面定位轴线的划分与上述原则相同，如图 1-10 所示。

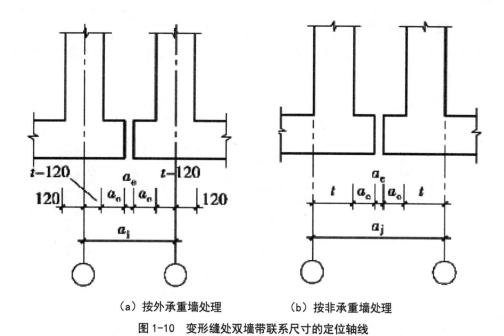

（a）按外承重墙处理　　（b）按非承重墙处理

图 1-10　变形缝处双墙带联系尺寸的定位轴线

6. 高低层分界处的墙体定位轴线

当高低层分界处不设变形缝时，应按高层部分承重外墙定位轴线处理，平面定位轴线应距离墙身内缘 120mm，并与底层定位轴线重合，如图 1-11 所示；当高低层分界处设置变形缝时，应按变形缝处墙体平面定位轴线处理。

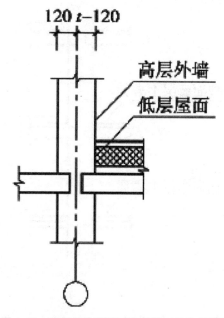

图 1-11　高低层分界处无变形缝时的定位轴线

（二）框架结构建筑

框架结构建筑中柱定位轴线一般与顶层柱截面中心线相重合，如图 1-12（a）所示。边柱定位轴线一般与顶层柱截面中心线重合，如图 1-12（b）所示；或距柱外缘 250mm 处，如图 1-12（c）所示。

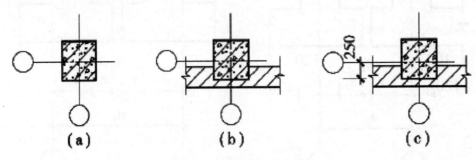

图 1-12　框架结构主定位轴线

三、砖墙的竖向定位

（一）楼地面

砖墙楼地面竖向定位应与楼（地）面面层上表面重合，如图 1-13 所示。由于结构构件的施工先于楼（地）面面层进行，因此，要根据建筑专业的竖向定位确定结构构件的控制高程。一般情况下，建筑标高减去楼（地）面面层构造厚度等于结构标高。

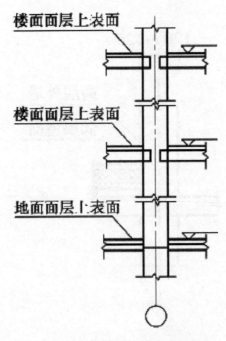

图 1-13　砖墙楼地面的竖向定位轴线

（二）屋面

平屋面竖向定位应标在屋面结构层上表面；坡屋顶的建筑标高标在屋顶结构层上表面与外墙定位轴线的相交处，如图 1-14 所示。

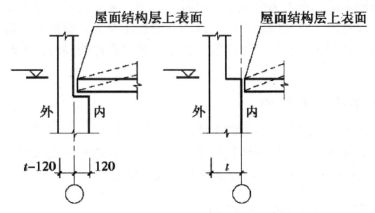

（a）距离 120 定位　　（b）与墙内缘重合定位

图 1-14　屋面的竖向定位

第六节　影响建筑构造的因素及设计原则

一、影响建筑构造的因素

（一）荷载因素的影响

作用在建筑物上的各种外力统称为荷载。荷载可分为恒荷载（如结构自重）和活荷载（如人群、家具、风雪及地震荷载）两类。荷载的大小是建筑结构设计的主要依据，也是结构选型及构造设计的重要基础，起着决定构件尺度、用料多少的重要作用。

（二）自然因素的影响

自然因素的影响是指自然界的风、雨、雪、霜、地下水、地震等因素给建筑物带来的影响。

为了防止自然因素对建筑物的破坏并保证建筑物的正常使用，在进行构造设计时，应该针对建筑物所受影响的性质与程度，对各有关构、配件及部位采取必要的防范措施，如防潮、防水、保温、隔热、设伸缩缝、设隔蒸汽层等，以防患于未然。

（三）各种人为因素的影响

人们在生产和生活活动中，往往遇到火灾、爆炸、机械振动、化学腐蚀、噪声等人为因素的影响，故在进行建筑构造设计时，必须针对这些影响因素，采取相应的防火、防爆、防震、防腐、隔声等构造措施，以防止建筑物遭受不应有的损失。

（四）建筑技术条件的影响

由于建筑材料技术的日新月异，建筑结构技术的不断发展，建筑施工技术的不断进步，建筑构造技术也不断翻新、丰富多彩起来。例如悬索、薄壳、网架等空间结构建筑，点式玻璃幕墙，彩色铝合金等新材料的吊顶，采光天窗中庭等现代建筑设施的大量涌现，可以看出，建筑构造没有一成不变的固定模式，因而在构造设计中要以构造原理为基础，在利用原有的、标准的、典型的建筑构造的同时，不断发展或创造新的构造方案。

（五）经济条件的影响

随着建筑技术的不断发展和人们生活水平的日益提高，人们对建筑的使用要求也越来越高。建筑标准的变化使得建筑的质量标准、建筑造价等也出现较大差别。对建筑构造的要求也将随着经济条件的改变而发生较大变化。

二、建筑构造的设计原则

在满足建筑物各项功能要求的前提下，建筑构造的设计必须综合运用有关技术知识，并遵循以下设计原则：

（一）结构坚固、耐久

在确定构造方案时，首先必须考虑坚固、耐久、实用，保证建筑有足够的强度和刚度，并且有足够的整体性，安全可靠、经久耐用。

（二）技术先进

在进行建筑构造设计时，应大力改进传统的建筑方式，从材料、结构、施工等方面引入先进技术，并注意因地制宜。

（三）经济合理

各种构造设计，均要注重整体建筑物的经济、社会和环境，这三方面的效益，即综合效益。在经济上注意节约建筑造价、降低材料的能源消耗，还必须保证工程质量，不能单纯追求效益而偷工减料、降低质量标准，应做到合理降低造价。

（四）美观大方

建筑物的形象除了取决于建筑设计中的体型组合和立面处理外，一些建筑细部的构造设计对整体美观也有很大影响。

第二章 基础和地下室

第一节 基础和地基的基本概念

一、基础和地基的基本概念

在建筑工程中，建筑物与土层直接接触的部分称为基础，支承建筑物重量的土层叫地基。基础是建筑物的组成部分，属于隐蔽工程。基础承受着建筑物的全部荷载，并将其传给地基。而地基则不是建筑物的组成部分，它只是承受建筑物荷载的土壤层。其中，具有一定的地耐力，直接支承基础，持有一定承载能力的土层称为持力层；持力层以下的土层称为下卧层，如图 2-1 所示。地基土层在荷载作用下产生的变形，随着土层深度的增加而减少，到了一定深度则可忽略不计。

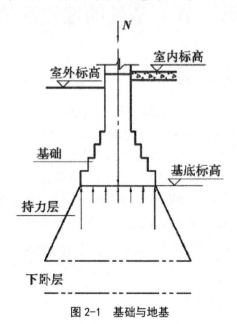

图 2-1 基础与地基

二、地基的分类

地基按土层性质不同，分为天然地基和人工地基两大类。凡天然土层具有足够的承载能力，不需经人工改良或加固，可直接在上面建造房屋的称为天然地基。当建筑物上部的荷载较大或地基土层的承载能力较弱，缺乏足够的稳定性，需预先对土壤进行人工加固后才能在上面建造房屋的称为人工地基。人工加固地基通常采用压实法、换土法、化学加固法和打桩法。

三、地基与基础的设计要求

（一）地基应具有足够的承载力和均匀程度

建筑物的场址应尽可能选在承载能力高且分布均匀的地段。如果地基土质分层不均匀或处理不好，极易使建筑物发生不均匀沉降，引起墙身开裂、房屋倾斜甚至破坏。

（二）基础应具有足够的强度和耐久性

基础是建筑物的重要承重构件，又是埋于地下的隐蔽工程，易受潮，且很难观察、维修、加固和更换。所以，在构造形式上必须且有足够的强度和与上部结构相适应的耐久性。

（三）经济要求

基础工程占总造价的 10% ~ 40%，要使工程总投资降低，首先要降低基础工程的投资。

第二节　基础的埋置深度

一、基础的埋置深度

室外设计地面至基础底面的垂直距离称为基础的埋置深度，简称基础的埋深，如图 2-2 所示。基础按埋置深度的大小分为深基础、浅基础和不埋基础，埋深 ≥ 4m 的称为深基础；埋深 < 4m 的称为浅基础；当基础直接做在地表面上的称为不埋基础。在保证安全使用的前提下，应优先选用浅基础，可降低工程造价。但当基础埋深过小时，有可能在地基受到压力后，会把基础四周的土挤出，使基础产生滑移而失去稳定，同时易受到自然因素的侵蚀和影响，使基础破坏，故基础的埋深在一般情况下，不要小于 0.5m。

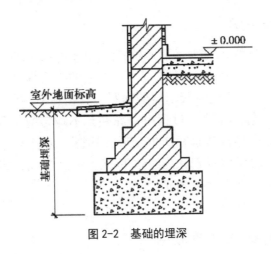

图 2-2 基础的埋深

二、影响基础埋深的因素

(一) 建筑物上部荷载的大小和性质

多层建筑一般根据地下水位及冻土深度等来确定埋深尺寸。一般高层建筑的基础埋置深度为地面以上建筑物总高度的 1/10。

(二) 工程地质条件

基础底面应尽量选在常年未经扰动而且坚实平坦的土层或岩石上，俗称"老土层"。对现有土层不宜选作地基。

(三) 水文地质条件

确定地下水的常年水位和最高水位，以便选择基础的埋深。一般宜将基础落在地下常年水位和最高水位之上，这样可不需进行特殊防水处理，节省造价，还可防止或减轻地基土层的冻胀。对于地下水位较高地区，应将基础底面置于最低地下水位之下 200mm 处，如图 2-3 所示。

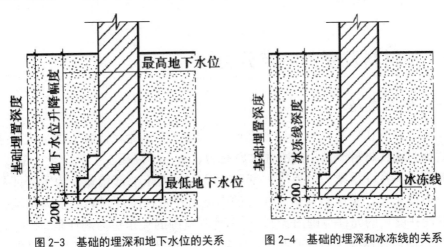

图 2-3 基础的埋深和地下水位的关系　　　图 2-4 基础的埋深和冰冻线的关系

（四）土壤冻胀深度

土的冻结深度即冰冻线，是地面以下冻结土与不冻结土的分界线。冰冻线的深度称为冻结深度。应根据当地的气候条件，了解土层的冻结深度。一般将基础的垫层部分做在土层冻结深度以下，否则冬天土层的冻胀力会把房屋拱起，产生变形；天气转暖，冻土解冻时又会产生陷落。在这个过程中，冻融是不均匀的，致使建筑物周期性出于不均匀的升降中，势必会导致建筑物产生变形、开裂、倾斜等一系列的冻害。

一般情况下，基础底面应置于冰冻线以下 100 ~ 200mm，当冻土深度小于 500mm 时，基础埋深不受影响，如图 2-4 所示。

（五）相邻建筑物基础的影响

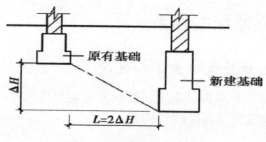

图 2-5　相邻基础埋深的影响

新建建筑物的基础埋深不宜深于相邻的原有建筑物的基础；但当新建基础深于原有基础时，应使两基础间留出相邻基础底面差的 1 ~ 2 倍距离，以保证原有房屋的安全，如图 2-5 所示，即 L=2ΔH（式中 L 为两基础间保持的一定距离，ΔH 为两基础底面的高差）。若新旧建筑间不能满足此条件，则要采用其他的措施加以处理，以保证原有建筑的安全和正常使用。

第三节　基础的类型

一、按材料及受力特点分类

（一）刚性基础

由刚性材料制作的基础称为刚性基础，一般抗压强度高，而抗拉、抗剪强度较低的材料就称为刚性材料。常用的刚性材料有砖、灰土、混凝土、三合土、毛石等。

为满足地基容许承载力的要求，基底宽 B 一般大于上部墙宽，为了保证基础不被拉力、剪力而破坏，基础必须具有相应的高度。通常按刚性材料的受力状况，基础在传力时只能在材料的允许范围内控制，这个控制范围的夹角称为刚性角，用 α 表示。砖、石基础的刚性角控制在（1：1.25）~（1：1.50）和（26° ~ 33°）以内，混凝土基础刚性角控制在 1 ∶ 1（45°）以内。刚性基础在刚性角范围内传力如图 2-6（a），所示，基础底面宽超过刚性角范围而破坏刚性基础的受力、传力如图 2-6（b）所示。

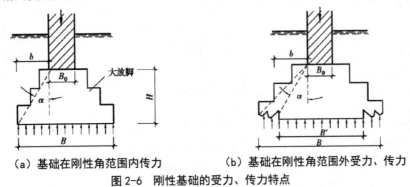

（a）基础在刚性角范围内传力　　（b）基础在刚性角范围外受力、传力

图 2-6　刚性基础的受力、传力特点

常用的刚性基础有砖石基础、毛石基础、灰土基础、混凝土基础，如图 2-7 所示。

1. 砖基础

砖基础一般由垫层、大放脚和基础墙 3 部分组成。大放脚的做法有间隔式和等高式 2 种，如图 2-7（a）、图 2-7（b）所示。

2. 毛石基础

毛石基础是用毛石和水泥砂浆砌筑而成，其剖面形状多为阶梯形，如图 2-7（c）所示；用于地下水位较高，冻结深度较深的单层民用建筑。

3. 灰土基础

灰土基础用于地下水位低、冻结深度较浅的南方 4 层以下的民用建筑，如图 2-7（d）所示。

4. 混凝土基础

混凝土基础是用不低于 C15 的混凝土浇捣而成，其剖面形式有阶梯形和锥形两种，如图 2-7（e）、图 2-7（f）所示，用于潮湿的地基或有水的基槽中。

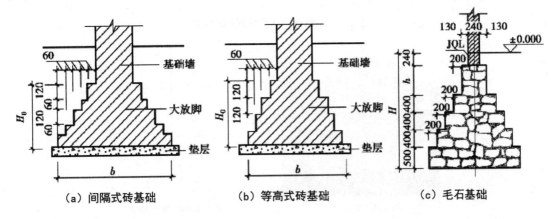

（a）间隔式砖基础　　　（b）等高式砖基础　　　（c）毛石基础

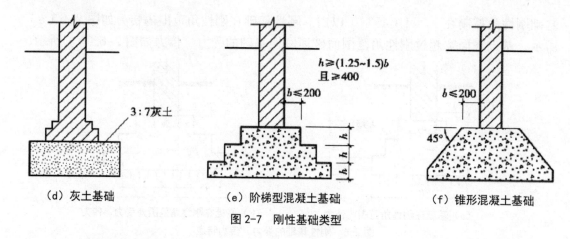

（d）灰土基础　　　　（e）阶梯型混凝土基础　　　　（f）锥形混凝土基础

图 2-7　刚性基础类型

（二）柔性基础

当建筑物的荷载较大而地基承载能力较小时，基础底面 b 必须加宽，如果仍然采用混凝土材料做基础，势必加大基础的深度，从造价方面考虑这样很不经济，如图 2-8 所示。如果在凝土基础的底部配以钢筋，利用钢筋来承受拉应力，使基础底部能够承受较大的弯矩，这时，基础宽度不受刚性角的限制，故称钢筋混凝土基础为非刚性基础或柔性基础，如图 2-9 所示。

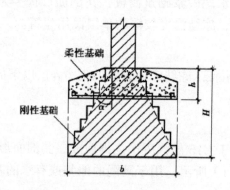

图 2-8　刚性基础与柔性基础的比较

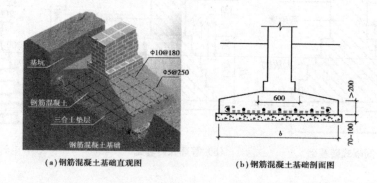

（a）钢筋混凝土基础直观图　　　（b）钢筋混凝土基础剖面图

图 2-9　钢筋混凝土基础

钢筋混凝土基础的底板是基础主要受力构件，厚度和配筋均由计算确定。但受力筋直径不得小于 8mm，间距不大于 200mm；混凝土强度等级不宜低于 C20。

　　另外，为保证基础钢筋和地基之间有足够的距离，以免钢筋锈蚀，可在钢筋混凝土底板之下做垫层，垫层还可以作为绑扎钢筋的工作面。当采用等级较低的混凝土作垫层时，一般采用 C10 素混凝土，厚度 70 ~ 100mm。其两边应伸出底板各 100mm，如图 2-9 所示。

　　钢筋混凝土基础其剖面形式有阶梯形和锥形两种。锥形基础要求底板边缘厚度不小于 200mm，且不宜大于 500mm，如图 2-10 所示。钢筋混凝土阶梯形基础每阶厚度为 300 ~ 500mm。当基础高度在 500 ~ 900mm 时采用两阶；当基础高度超过 900mm 时采用三阶，如图 2-11 所示。

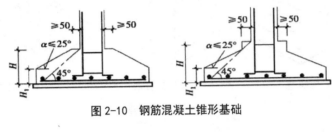

图 2-10　钢筋混凝土锥形基础

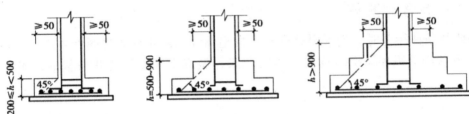

图 2-11　钢筋混凝土阶梯形基础

二、按构造型式分类

（一）条形基础

　　当建筑物上部结构采用墙承重时，基础沿墙身设置，多做成长条形，这类基础称为条形基础或带形基础，是墙承式建筑基础的基本形式，如图 2-12（a）所示。当房屋为骨架承重或内骨架承重，且地基条件较差时，为提高建筑物的整体性，避免各承重柱产生不均匀沉降，常将柱下基础沿纵横方向连接起来，形成柱下条形基础，如图 2-12（b）所示。

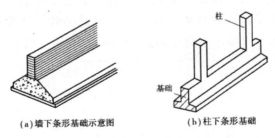

(a) 墙下条形基础示意图　　　　(b) 柱下条形基础

图 2-12　条形基础

（二）独立式基础

当建筑物上部结构采用框架结构或单层排架结构承重时，基础常采用方形或矩形的独立式基础，这类基础称为独立式基础或柱式基础，如图2-13所示。独立式基础是柱下基础的基本形式。

当柱采用预制构件时，则基础做成杯口形，然后将柱子插入并嵌固在杯口内，故称杯形基础。

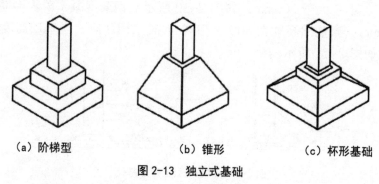

（a）阶梯型　　　　　　（b）锥形　　　　　　（c）杯形基础

图2-13　独立式基础

（三）井格式基础

当地基条件较差时，为了提高建筑物的整体性，防止柱子之间产生不均匀沉降，常将柱下基础沿纵横两个方向扩展连接起来，做成十字交叉的井格基础，如图2-14所示。

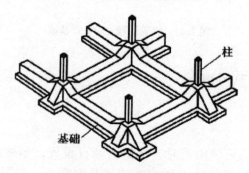

图2-14　井格式基础

（四）片筏式基础

当建筑物上部荷载大，而地基又较弱，这时采用简单的条形基础或井格基础已不能适应地基变形的需要，通常将墙或柱下基础连成一片，使建筑物的荷载承受在一块整板上成为片筏基础。片筏基础有平板式和梁板式两种，如图2-15所示。

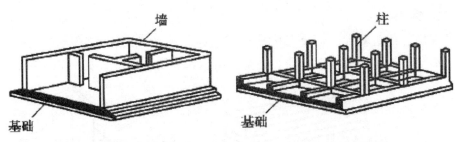

（a）平板式片筏基础　　　　　（b）梁板式片筏基础

（c）某工程片筏基础

图 2-15　筏式基础

（五）　箱 形 基 础

当板式基础做得很深时，常将基础改做成箱形基础。箱形基础是由钢筋混凝土底板、顶板和若干纵、横隔墙组成的整体结构，如图 2-16 所示。基础的中空部分可用作地下室（单层或多层的）或地下停车库。箱形基础整体空间刚度大，整体性强，能抵抗地基的不均匀沉降，较适用于高层建筑或在软弱地基上建造的重型建筑物。

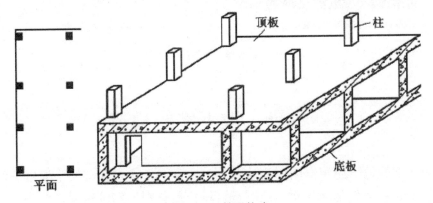

图 2-16　箱形基础

（六）桩基础

当建筑物的荷载较大，而地基的弱土层较厚，地基承载力不能满足要求，采取其他措施又不经济时，可采用桩基础。桩基础由承台和桩柱组成，如图2-17所示。

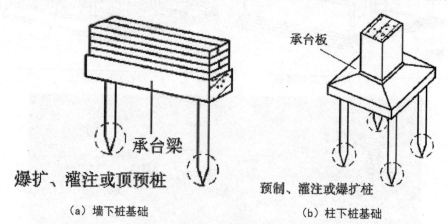

（a）墙下桩基础 （b）柱下桩基础

图 2-17 桩基础

桩按受力可以分为端承桩和摩擦桩。摩擦桩是通过桩侧表面与周围土的摩擦力来承担荷载，适用于软土层较厚、坚硬土层较深、荷载较小的情况。端承桩是通过桩端传给地基深处的坚硬土层。这种桩适用于软土层较浅、荷载较大的情况，如图2-18所示。

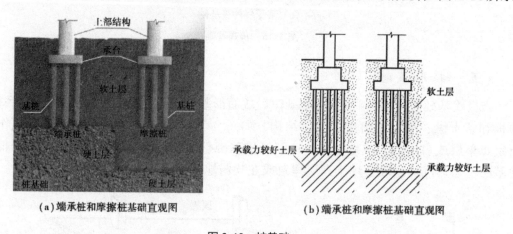

（a）端承桩和摩擦桩基础直观图 （b）端承桩和摩擦桩基础直观图

图 2-18 桩基础

第四节 地下室的构造

建筑物下部的地下使用空间称为地下室。地下室是建筑物首层平面以下的房间，利用地下空间，可节约建筑用地。地下室可用作设备间、储藏房间、商场、车库以及用作战备人防工程。高层建筑常利用深基础，如箱形基础，建造一层或多层地下室，既增加了使用面积，又省去了室内填土的费用。

一、地下室的分类

（一）按埋入地下深度的不同分类

（1）全地下室是指地下室地面低于室外地坪的高度超过该房间净高的 1/2。

（2）半地下室是指地下室地面低于室外地坪的高度为该房间净高的 1/3 ~ 1/2。

（二）按使用功能不同分类

（1）普通地下室：一般用作高层建筑的地下停车库、设备用房；根据用途及结构需要可做成一层、二层、三层或多层地下室，如图 2-19 所示。

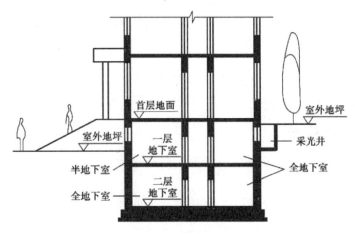

图 2-19　地下室示意图

（2）人防地下室：结合人防要求设置的地下空间，用以应对战时情况下人员的隐蔽和疏散，并有具备保障人身安全的各项技术措施。

二、地下室的构造组成

地下室一般由墙身、底板、顶板、门窗、楼梯等部分组成，如图 2-20 所示。

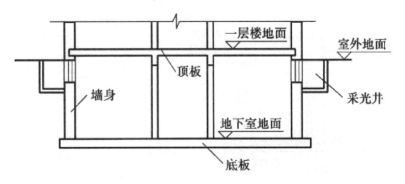

图 2-20　地下室的构造组成

（一）地下室墙体

地下室的墙体不仅要承受上部的垂直荷载，还承受土、地下水及土壤冻胀时产生的侧压力。

（二）地下室底板

当地下水位高于地下室地面时，地下室底板不仅承受作用在它上面的垂直荷载，还承受地下水的浮力。

（三）地下室顶板

顶板可用预制板、现浇板或者预制板上作现浇层（装配整体式楼板）。如为防空地下室，必须采用现浇板，并按有关规定决定厚度和混凝土强度等级。

（四）地下室门窗

普通地下室门窗与地上部分相同。防空地下室应符合相应等级的防护和密闭要求，一般采用钢门或混凝土门，防空地下室一般不容许设窗。

（五）地下室楼梯

地下室楼梯可与地面上房间结合设置，层高小或用作辅助房间的地下室，可设置单跑楼梯。

有防空要求的地下室至少要设置两部楼梯通向地面的安全出口，并且必须有一个是独立的安全出口，且安全出口与地面以上建筑应有一定距离，一般不小于地面建筑物高度的一半。

（六）采光井

采光井由底板和侧墙构成。侧墙可以用砖墙或钢筋混凝土板墙制作，底板一般为钢筋混凝土浇筑。采光井底板应有 1% ～ 3% 的坡度，上部应有铸铁箅子或尼龙瓦盖，以防止人员、物品掉入采光井内。采光井底板距窗台低 250 ～ 300mm。采光井示意图如图 2-21 所示。

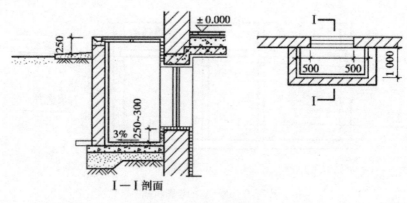

图 2-21　地下室采光井

三、地下室防潮构造

当地下水的常年水位和最高水位均在地下室地坪标高以下时，需在地下室外墙外面设垂直防潮层。其做法是在墙体外表面先抹一层20mm厚的1：2.5水泥砂浆找平，再涂一道冷底子油和两道热沥青；然后在外侧回填低渗透性土壤，如黏土、灰土等，并逐层夯实，土层宽度为500mm左右，以防地面雨水或其他地表水的影响。另外，地下室的所有墙体都应设两道水平防潮层，一道设在地下室地坪附近，另一道设在室外地坪以上150～200mm处，使整个地下室防潮层连成整体，以防地潮沿地下墙身或勒脚处进入室内。地下室的防潮板处理如图2-22所示。

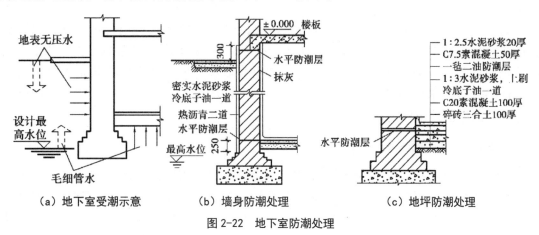

（a）地下室受潮示意　　　（b）墙身防潮处理　　　（c）地坪防潮处理

图2-22　地下室防潮处理

四、地下室防水构造

当设计最高水位高于地下室地坪时，地下室的外墙和底板都浸泡在水中，应考虑进行防水处理。常采用的防水措施有以下三种。

（一）沥青卷材防水

沥青卷材防水是以防水卷材和相应的黏结剂分层粘贴，铺设在地下室底板垫层至墙体顶端的基面上，形成封闭防水层的做法。

根据防水层铺设位置的不同分为外包防水和内包防水，如图2-23所示。

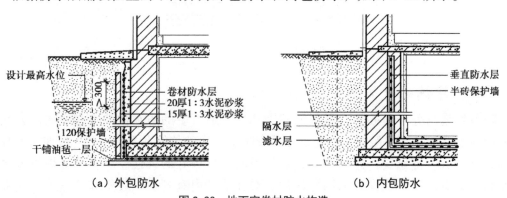

（a）外包防水　　　　　　　（b）内包防水

图2-23　地下室卷材防水构造

1. 外防水

外防水是将防水层贴在地下室外墙的外表面，这对防水有利，但维修困难。外防水构造要点是：先在墙外侧抹20mm厚的1：3水泥砂浆找平层，并刷冷底子油一道，然后选定油毡层数，分层粘贴防水卷材，防水层须高出最高地下水位500～1000mm为宜。油毡防水层以上的地下室侧墙应抹水泥砂浆涂两道热沥青，直至室外散水处。垂直防水层外侧砌半砖厚的保护墙一道。

2. 内防水

内防水是将防水层贴在地下室外墙的内表面，这样施工方便、容易维修，但对防水不利，故常用于修缮工程。

地下室地坪的防水构造是先浇混凝土垫层，厚约100mm；再以选定的油毡层数在地坪垫层上作防水层，并在防水层上抹20～30mm厚的水泥砂浆保护层，以便于上面浇筑钢筋混凝土。为了保证水平防水层包向垂直墙面，地坪防水层必须留出足够的长度以便与垂直防水层搭接，同时要做好转折处油毡的保护工作，以免因转折交接处的油毡断裂而影响地下室的防水。

（二）防水混凝土防水

当地下室地坪和墙体均为钢筋混凝土结构时，应采用抗渗性能好的防水混凝土材料，常采用的防水混凝土有普通混凝土和外加剂混凝土。普通混凝土主要是采用不同粒径的骨料进行级配，并提高混凝土中水泥砂浆的含量，使砂浆充满于骨料之间，从而堵塞因骨料间不密实而出现的渗水通路，以达到防水目的。外加剂混凝土是在混凝土中渗入加气剂或密实剂，以提高混凝土的抗渗性能。构件自防水如图2-24所示。

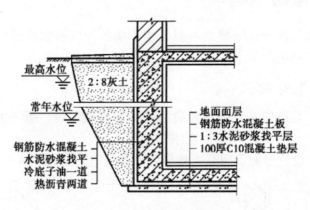

图 2-24　混凝土构件自防水

（三）弹性材料防水

随着新型高分子合成防水材料的不断涌现，地下室的防水构造也在更新。如我国目前使用的三元乙丙橡胶卷材，能充分适应防水基层的伸缩及开裂变形，拉伸强度高，拉断延伸率大，能承受一定的冲击荷载，是耐久性极好的弹性卷材；又如聚氨酯涂膜防水材料，有利于形成完整的防水涂层，对在建筑内有管道、转折和高差等特殊部位的防水处理极为有利，如图 2-25 所示。

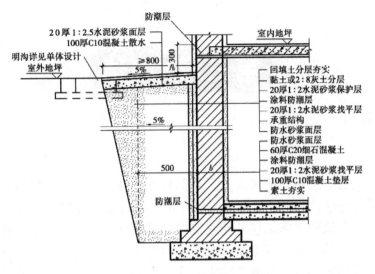

图 2-25 涂料防水

第三章 墙体

墙体是建筑物中重要的组成部分。其工程量、施工周期、造价与自重通常是房屋所有构件中所占份额最大的，其造价一般占建筑物总造价的30% ~ 40%，它是在基础工程完成之后，建筑物上部结构开始建造的承重构件。在一项建筑工程中，采用不同材料的墙体，不同的结构布置方案，对结构的总体自重、耗材、施工周期和造价等方面都会有不同的影响，造成对施工技术、施工设备的要求不同，也导致经济效益的优劣不同。因此，因地制宜地选择合适的墙体材料，尽量利用地方资源、合理利用工业废料、充分发挥机具设备和劳动力资源在建设中的作用就显得十分重要。

第一节　墙体的作用、类型及设计要求

一、墙体的作用

房屋建筑中的墙体一般有以下3个作用。

（1）承重作用：墙体承受屋顶、楼板传给它的荷载，本身的自重荷载和风荷载等。

（2）围护作用：墙体隔住了自然界的风、雨、雪的侵袭，防止太阳的辐射、噪声的干扰以及室内热量的散失等，起保温、隔热、隔声、防水等作用。

（3）分隔作用：墙体把房屋划分为若干个房间和使用空间。

以上关于墙体的3个作用，并不是指一面墙体会同时具有这些作用。有的墙体既起承重作用，又起围护作用，比如砌体承重的混合结构体系和钢筋混凝土墙承重体系中的外墙；有的墙体只起围护作用，比如框架结构中的外墙；还有的墙体只起分隔作用，比如骨架承重体系中的某些内墙。

二、墙体的分类

墙体的类型很多，分类方法也很多，根据墙体在建筑物中的位置及布置的方向、受力情况、材料、构造方式和施工方法的不同，可将墙体分为不同类型。

（一）墙体按照位置及布置的方向分类

墙体按照所处平面位置的不同分为内墙和外墙，内墙是位于建筑物内部的墙，主要起分隔内部空间的作用；外墙是位于建筑物四周的墙，又称为外围护墙。墙体按照布置的方向不同可分为纵墙和横墙。沿建筑物长轴方向布置的墙体称为纵墙；外纵墙也称为檐墙；沿建筑物短轴方向布置的墙体称为横墙，外横墙也俗称为山墙。窗与窗之间和窗与门之间的墙称为窗间墙，窗台下面的墙称为窗下墙。墙体各部分名称如图3-1所示。

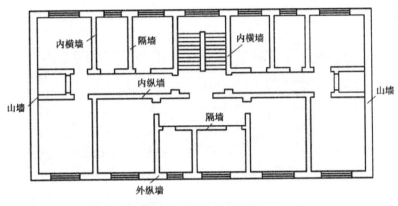

图 3-1　墙体各部分名称

（二）按墙体受力状况分类

在混合结构建筑中，按墙体受力方式分为两种：承重墙和非承重墙。非承重墙又可分为两种：一是自承重墙，不承受外来荷载，仅承受自身重量并将其传至基础；二是隔墙，起分隔房间的作用，不承受外来荷载，并把自身重量传给梁或楼板。框架结构中的墙称框架填充墙。

（三）按墙体构造和施工方式分类

（1）按构造方式不同。墙体可以分为实体墙、空体墙和组合墙3种。实体墙由单一材料组成，如砖墙、砌块墙等。空体墙也是由单一材料组成，可由单一材料砌成内部空腔，也可用具有孔洞的材料建造墙，如空斗砖墙、空心砌块墙等。组合墙由两种以上材料组合而成，例如混凝土、加气混凝土复合板材墙，其中混凝土起承重作用、加气混凝土起保温隔热作用。

（2）按施工方法不同。墙体可以分为块材墙、板筑墙及板材墙3种。块材墙是用砂浆等胶结材料将砖石块材等组砌而成，例如砖墙、石墙及各种砌块墙等。板筑墙是在现场立模板，现浇而成的墙体，例如现浇混凝土墙等。板材墙是预先制成墙板，施工时安装而成的墙，例如预制混凝土大板墙、各种轻质条板内隔墙等。

（3）按材料不同。墙体可分为砖墙、石墙、夯土墙、钢筋混凝土墙、砌块墙等。

（4）按构造方式不同。墙体可分为实体墙、空体墙、复合墙等。

三、墙体的设计要求

（一）结构要求

对以墙体承重为主结构，常要求各层的承重墙上下必须对齐；各层的门、窗洞孔也以上、下对齐为佳。此外，还需考虑以下两方面的要求。

1. 合理选择墙体结构布置方案

墙体结构布置方案有横墙承重、纵墙承重、纵横墙混合承重、墙与柱混合承重，如图 3-2 所示。

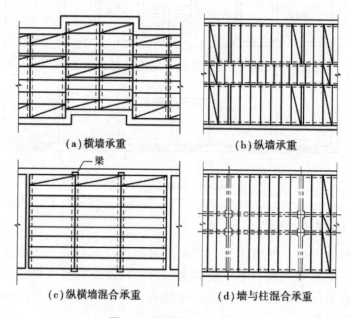

(a) 横墙承重   (b) 纵墙承重

(c) 纵横墙混合承重   (d) 墙与柱混合承重

图 3-2　墙体的承重方案

（1）横墙承重：凡以横墙承重的称横墙承重方案或横向结构系统。该系统中，楼板、屋顶上的荷载均由横墙承受，纵墙只起纵向稳定和拉结的作用。它的主要特点是横墙间距密，加上纵墙的拉结，使建筑物的整体性好、横向刚度大，对抵抗地震力等水平荷载有利。但横墙承重方案的开间尺寸不够灵活，适用于房间开间尺寸不大的宿舍、住宅及病房楼等小开间建筑。

（2）纵墙承重：凡以纵墙承重的称为纵墙承重方案或纵向结构系统。该系统中，楼板、屋顶上的荷载均由纵墙承受，横墙只起分隔房间的作用，有的起横向稳定作用。纵墙承重可使房间开间的划分灵活，多适用于需要较大房间的办公楼、商店、教学楼等公共建筑。

（3）纵横墙混合承重：凡由纵向墙和横向墙共同承受楼板、屋顶荷载的结构布置称纵横墙（混合）承重方案。该方案房间布置较灵活，建筑物的刚度亦较好。混合承重方案多用于开间、进深尺寸较大且房间类型较多的建筑和平面复杂的建筑中，如教学楼、住宅等建筑。

（4）墙与柱混合承重：在结构设计中，有时采用墙体和钢筋混凝土梁、柱组成的框架共同承受楼板和屋顶的荷载，这时，梁的一端支承在柱上，而另一端则搁置在墙上，这种结构布置称部分框架结构或内部框架承重方案。它较适合于室内需要较大使用空间的建筑，如商场等。

2. 具有足够的强度和稳定性

强度：是指墙体承受荷载的能力，它与所采用的材料以及同一材料的强度等级有关。作为承重墙的墙体，必须具有足够的强度，以确保结构的安全。

墙体的稳定性与墙的高度、长度和厚度有关。高而薄的墙稳定性差，矮而厚的墙稳定性好；长而薄的墙稳定性差，短而厚的墙稳定性好。

提高墙体强度可采取：选用适当的墙体材料，加大墙体截面积，在截面积相同的情况下提高构成墙体的砖、砂浆的强度等级等方法。

稳定性：墙体高厚比的验算是保证砌体结构在施工阶段和使用阶段的稳定性的重要措施。

提高墙体稳定性可采取：增加墙体的厚度（但这种方法有时不够经济），提高墙体材料的强度等级，增加墙垛、壁柱、圈梁等构件等方法。

（二）热工要求

1. 墙体的保温要求

对有保温要求的墙体，需提高其构件的热阻，通常采取以下措施：

（1）增加墙体的厚度：墙体的热阻与其厚度成正比，欲提高墙身的热阻，可增加其厚度。

（2）选择导热系数小的墙体材料：要增加墙体的热阻，常选用导热系数小的保温材料，如泡沫混凝土、加气混凝土、陶粒混凝土、膨胀珍珠岩、膨胀蛭石、浮石及浮石混凝土、泡沫塑料、矿棉及玻璃棉等。其保温构造有单一材料的保温结构和复合保温结构之分。

（3）做复合保温墙体及热桥部位的保温处理：单纯的保温材料，一般强度较低，大多无法单独作为墙体使用。利用不同性能的材料组合就构成了既能承重又可保温的复合墙体，在这种墙体中，轻质材料（如泡沫塑料）专起保温作用，强度高的材料（如黏土砖等）专门负责承重。

热（冷）桥：由于结构上的需要，外墙中常嵌有钢筋混凝土柱、梁、垫块、圈梁、过梁等构件，钢筋混凝土的传热系数大于砖的传热系数，热量很容易从这些部位传出去，因此它们的内表面温度比主体部分的温度低，这些保温性能低的部位通常称为冷桥或热桥。

为防止冷桥部分外表面结露，应采取局部保温措施：①在寒冷地区，外墙中的钢筋混凝土过梁可作成 L 形，并在外侧加保温材料；②对于框架柱，当柱子位于外墙内侧时，可不必另作保温处理，当柱子外表面与外墙平齐或突出时，应作保温处理，如图 3-3 所示。

（4）采取隔蒸汽措施：为防止墙体产生内部凝结，常在墙体的保温层靠高温一侧，即蒸汽渗入的一侧,设置一道隔蒸汽层,如图3-4所示。隔蒸汽材料一般采用沥青、卷材、隔汽涂料以及铝箔等防潮、防水材料。

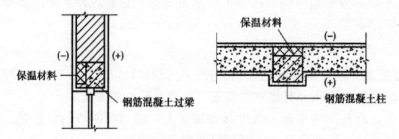

图 3-3　冷桥做局部保温处理

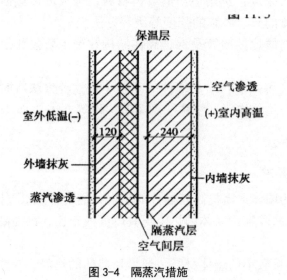

图 3-4　隔蒸汽措施

蒸汽渗透:冬季,室内空气的温度和绝对湿度都比室外高,因此,在围护结构两侧存在着水蒸气压力差,水蒸气分子由压力高的一侧向压力低的一侧扩散,这种现象叫蒸汽渗透。

结露:在渗透过程中,水蒸气遇到露点温度时,蒸汽含量达到饱和,并立即凝结成水,称为结露。

2. 墙体的隔热要求

墙体的隔热措施主要有:

(1)外墙采用浅色而平滑的外饰面,如白色外墙涂料、玻璃马赛克、浅色墙地砖、金属外墙板等,以反射太阳光,减少墙体对太阳辐射的吸收;

(2)在外墙内部设通风间层,利用空气的流动带走热量,降低外墙内表面温度;

(3)在窗口外侧设置遮阳设施,以遮挡太阳光直射室内;

(4)在外墙外表面种植攀缘植物使之遮盖整个外墙,吸收太阳辐射热,从而起到隔热作用。

（三）建筑节能要求

为贯彻国家的节能政策，改善严寒和寒冷地区居住建筑采暖能耗大、热工效率差的状况，必须通过建筑设计和构造措施来节约能耗，如外挂保温板等。

（四）隔声要求

声音的传递有两种形式：

（1）空气传声：一是通过墙体的缝隙和微孔传播；二是在声波的作用下，墙体受到震动，声音通过墙体而传播。

（2）固体传声：直接撞击墙体或楼板，发出的声音再传递到人耳，称为固体传声。

墙体主要隔离由空气直接传播的噪声，一般采取以下措施：①加强墙体缝隙的填密处理；②增加墙厚和墙体的密实性；③采用有空气间层式多孔性材料的夹层墙；④尽量利用垂直绿化降噪声。

（五）其他要求

对墙体的其他要求包括防火要求，防水、防潮的要求，建筑工业化的要求等。建筑工业化的关键是墙体改革，采用轻质高强的墙体材料，减轻自重，降低成本，通过提高机械化程度来提高功效。

第二节　墙体构造

一、砖墙材料

砖墙是用砂浆将一块块的砖按一定技术要求砌筑而成的砌体，其材料是砖和砂浆。

（一）砖

砖按材料不同，分为黏土砖、页岩砖、粉煤灰砖、灰砂砖、炉渣砖等；按形状不同，分为实心砖、多孔砖和空心砖等。其中常用的是普通黏土砖。

普通黏土砖以黏土为主要原料，经成型、干燥焙烧而成，有红砖和青砖之分。青砖比红砖强度高，耐久性好。

我国标准砖的规格为 240mm×115mm×53mm，砖长：宽：厚=4：2：1（含10mm 宽灰缝），标准砖砌筑墙体时是以砖宽度的倍数，即以 115mm+10mm=125mm 为模数。这与我国现行《建筑模数协调统一标准》中的基本模数 1M=100mm 不协调，因此在使用中，需注意标准砖的这一特征。

砖的强度以强度等级表示，分为 MU30，MU25，MU20，MU10，MU7.5 共 5 个级别。如 MU30 表示砖的极限抗压强度平均值为 30MPa，即每平方毫米可承受 30N 的压力。

烧结多孔砖：以黏土、页岩、煤矸石为主要原料经焙烧而成，孔洞率不小于15%，孔形为圆孔或非圆孔，孔的尺寸小而数量多，主要适用于承重部位的砖，简称多孔砖。

多孔砖分为 P 型多孔砖和 M 型多孔砖：

P 型多孔砖：外形尺寸为 240mm×115mm×90mm；

M 型多孔砖：外形尺寸为 190mm×190mm×90mm。

多孔砖的强度等级分为 MU30，MU25，MU20，MU15，MU10 共 5 个级别，如图 3-5 所示。

蒸压砖：蒸压灰砂砖是以石灰和砂为主要原料，经坯料制备、压制成型、蒸压养护而成的实心砖。

蒸压粉煤灰砖以粉煤灰为主要原料，掺加适量石膏和集料，经坯料制备、压制成型、高压蒸汽养护而成的实心砖。

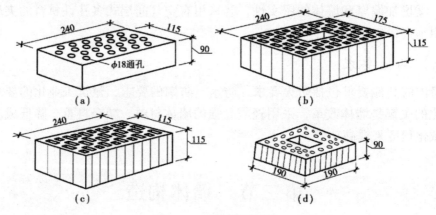

图 3-5　多孔砖规格示意

（二）砂浆

砂浆是砌块的胶结材料。常用的砂浆有水泥砂浆、混合砂浆、石灰砂浆和黏土砂浆。

（1）水泥砂浆由水泥、砂加水拌和而成，属水硬性材料，强度高，但可塑性和保水性较差，适应砌筑湿环境下的砌体，如地下室、砖基础等。

（2）石灰砂浆由石灰膏、砂加水拌和而成。由于石灰膏为塑性掺合料，所以石灰砂浆的可塑性很好，但它的强度较低，且属于气硬性材料，遇水强度即降低，所以适宜砌筑次要的民用建筑的地上砌体。

（3）混合砂浆由水泥、石灰膏、砂加水拌和而成，既有较高的强度，也有良好的可塑性和保水性，故民用建筑地上砌体中被广泛采用。

（4）黏土砂浆是由黏土加砂加水拌和而成，强度很低，仅适于土坯墙的砌筑，多用于乡村民居。它们的配合比取决于结构要求的强度，砂浆强度等级有 M15，M10，M7.5，M5，M2.5，M1，M0.4 共 7 个级别。

二、砖墙的组砌方式

砖墙的组砌是指砌块在砌体中的排列。砖墙组砌中需要了解下面几个基本概念。

丁砖：在砖墙组砌中，把砖的长方向垂直于墙面砌筑的砖叫丁砖。

顺砖：在砖墙组砌中，把砖的长方向平行于墙面砌筑的砖叫顺砖。

横缝：上下皮之间的水平灰缝称横缝。

竖缝：左右两块砖之间垂直缝称竖缝。

砖墙组砌的这个概念如图3-6所示。

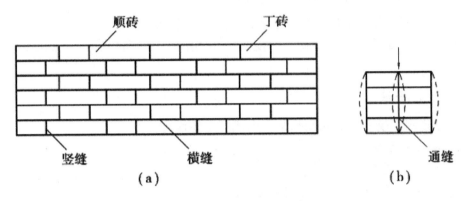

图3-6 砖墙组砌名称及通缝

为了保证墙体的强度，砖砌体的砖缝必须横平竖直，错缝搭接，避免通缝。同时砖缝砂浆必须饱满，厚薄均匀。常用的错缝方法是将丁砖和顺砖上下皮交错砌筑。每排列一层砖称为一皮。常见的砖墙砌式有全顺式（120墙）、一顺一丁式、三顺一丁式或多顺一丁式、每皮丁顺相间式（也称十字式，240墙）、两平一侧式（180墙）等。砖墙的组砌方式如图3-7所示。

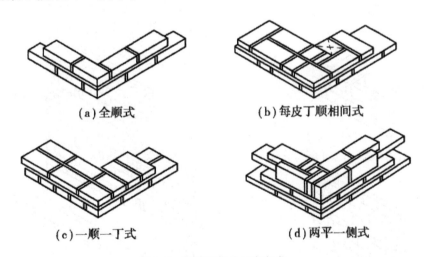

图3-7 砖墙的部分组砌方式

（一）砖墙组砌方式

（1）一顺一丁式：丁砖和顺砖隔层砌筑，这种砌筑方法整体性好，主要用于砌筑一砖以上的墙体。

（2）每皮丁顺相间式：又称为"梅花丁""沙包丁"。在每皮之内，丁砖和顺砖相间砌筑而成，优点是墙面美观，常用于清水墙的砌筑。

（3）全顺式：每皮均为顺砖，上下皮错缝120mm，适用于砌筑120mm厚砖墙。

（4）两平一侧式：每层由两皮顺砖与一皮侧砖组合相间砌筑而成，主要用来砌筑180mm厚砖墙。

（二）烧结多孔砖墙的组砌方式

（1）P型多孔砖宜采用一顺一丁式或梅花丁的砌筑。

（2）多顺一丁式：多层顺砖、一皮丁砖相间形式，M型多孔砖应采用全顺式的砌筑形式。

（三）空斗墙

用实心砖侧砌或平砌与侧砌相结合砌成的空体墙称为空斗墙。

（1）眠砖：平砌的砖。

（2）斗砖：侧砌的砖。

（3）无眠空斗墙：全由斗砖砌筑成的墙。

　　有眠空斗墙：每隔一至三皮斗砖砌一皮眠砖的墙（如图3-8）。

空斗墙的砌式及空斗墙加固部位示意图，如图3-8和图3-9所示。

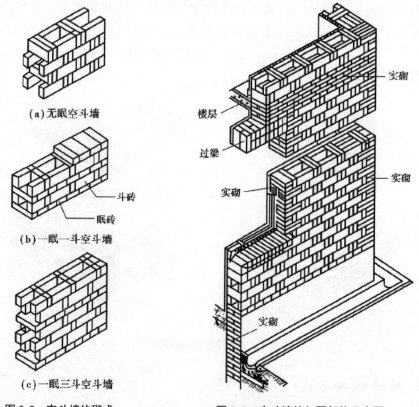

图3-8　空斗墙的砌式　　　　图3-9　空斗墙的加固部位示意图

（1）空心砖墙：用各种空心砖砌筑的墙体，分为承重和非承重两种。砌筑承重空心砖墙一般采用竖孔的黏土多孔砖，因此也称为多孔砖墙。

（2）砌筑方式：全顺式、一顺一丁式和丁顺相间式，DM型多孔砖一般多采用整砖顺砌的方式，上下皮错开 1/2 砖。如出现不足一块空心砖的空隙，用实心砖填砌，如图 3-9 所示。

（四）墙的厚度及局部尺寸

1.砖墙厚度

以标准砖砌筑墙体，常见的厚度为 115,178,240,365,490mm 等，简称为 12 墙（半砖墙）、18 墙（3/4 墙）、24 墙（一砖墙）、37 墙（一砖半墙）、49 墙（二砖墙），如图 3-10 所示。

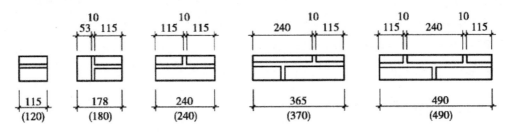

图 3-10　墙厚与砖规格的关系

2.砖墙局部尺寸

砖墙砌筑模数：115mm+10mm=125mm。

当墙体长度小于 1m 时，为避免砍砖过多影响砌体强度，设计、施工时应符合砖墙砌筑模数为 125mm 的倍数，在抗震设防地区，砖墙的局部设防尺寸应符合现行《建筑抗震设计规范》（GB50011—2010）的规定，具体尺寸如表 3-1 所示。

表 3-1　房屋局部尺寸限值表　　　　　　　　　单位：m

构造类别	设计烈度			备注
	6，7 度	8 度	9 度	
承重窗间墙最小宽度	1.0	1.2	1.5	在墙角设钢筋混凝土构造柱时，不受此限制
承重外墙尽端至门窗洞利边最小距离	1.0	1.2	1.5	
非承重外墙尽端至门窗洞边最小距离	1.0	1.0	1.0	
内墙阳角至门窗洞边的最小距离	1.0	1.5	2.0	
无锡圆女儿墙（非出入口）的最大高度	0.5	0.5	0.0	

三、砌块墙

（一）砌块墙材料

砌块墙是采用预制块材按一定技术要求砌筑而成的墙体。砌块按重量及幅面大小可分为：

小型砌块：高度为 115 ~ 380mm，单块质量小于 20kg。

中型砌块：高度为 380 ~ 980mm，单块质量在 20 ~ 35kg。

大型砌块：高度大于980mm，单块质量大于35kg。

混凝土小型空心砌块：由普通混凝土或轻骨料混凝土制成，主规格尺寸为390mm×190mm×190mm，空心率在25%～50%的空心砌块，其强度等级为MU20，MU15，MU10，MU7.5，MU5。

砌筑砂浆宜选用专用小砌块砌筑砂浆，其强度等级为M15，M10，M7.5，M5。

（二）砌块砌筑要求

砌块必须在多种规格间进行排列设计，即设计时需要在建筑平面图和立面图上进行砌块的排列，并注明每一砌块的型号；砌块排列设计应正确选择砌块规格尺寸，减少砌块规格类型，优先选用大规格的砌块做主要砌块，以加快施工速度；上下皮应错缝搭接，内外墙和转角处砌块应彼此搭接，以加强整体性；空心砌块上下皮应孔对孔、肋对肋，上下皮搭接长度不小于90mm，保证有足够的受压面积。

四、墙体细部构造

墙体的细部构造包括勒脚、散水、明沟、窗台、门窗过梁、变形缝、圈梁、构造柱和防火墙等，如图3-11所示。

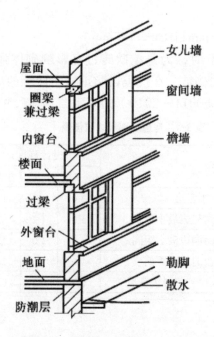

图3-11 外檐墙构造详图

（一）墙脚

底层室内地面以下、基础以上的墙体常称为墙脚，如图3-12所示。墙脚包括勒脚、散水和明沟、墙身防潮层等。

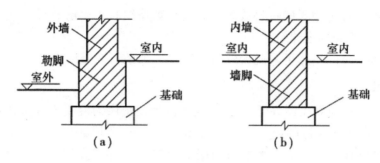

图 3-12　墙脚位置

1. 勒脚

勒脚是外墙墙身接近室外地面的部分，为防止雨水上溅墙身和机械力等的影响，所以要求墙脚坚固、耐久、防潮，并具有美观作用。

勒脚的高度：当仅考虑防水和机械碰撞时，应不低于 500mm，从美观的角度考虑，应结合立面处理或延至窗台下。

勒脚一般采用以下几种构造做法，如图 3-13、图 3-14 所示。

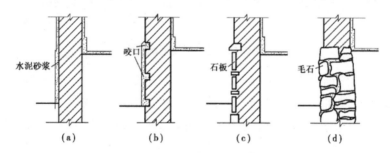

图 3-13　勒脚构造做法

图 3-14　勒脚

（1）抹灰：可采用 20 厚 1∶3 水泥砂浆抹面，1∶2 水泥白石子浆水刷石或斩假石抹面。此法多用于一般建筑。为了保证抹灰层与砖墙黏结牢固，施工时应注意清扫墙面，浇水润湿，也可在墙面上留槽，使抹灰嵌入，称为咬口。

（2）贴面：可采用天然石材或人工石材，如花岗石、水磨石板等。其耐久性强、装饰效果好，用于高标准建筑。

（3）勒脚部位的墙体可采用天然石材砌筑，如条石或混凝土。

2. 防潮层

（1）防潮层的位置（图3-15）：①当室内地面垫层为混凝土等密实材料时，内、外墙防潮层应设在垫层范围内，一般位于低于室内地坪下60mm处；②室内地面为透水材料时（如炉渣、碎石），水平防潮层的位置应平齐或高于室内地面60mm；③当室内地面垫层为混凝土等密实材料，且内墙面两侧地面出现高差时，高低两个墙脚处分别设一道水平防潮层。

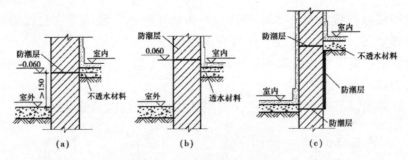

图3-15 墙身防潮层的位置

在土壤一侧的墙面设垂直防潮层。垂直防潮层的做法为：20mm厚1∶2.5水泥砂浆找平，外刷冷底子油一道，热沥青两道，或用建筑防水涂料、防水砂浆作防潮层。

（2）墙身水平防潮层的构造做法常用的有以下3种，如图3-16所示。

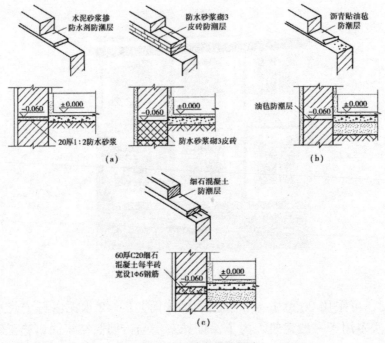

图3-16 防潮层的做法

①防水砂浆防潮层，采用 1：2 水泥砂浆加水泥用量 3%～5% 防水剂，厚度为 20～25mm 或用防水砂浆砌 3 皮砖作防潮层。此种做法构造简单，但砂浆开裂或不饱满时影响防潮效果。

②细石混凝土防潮层，采用 60mm 厚的细石混凝土带，内配 3 根 6 钢筋，其防潮性能好。

③油毡防潮层，先抹 20mm 厚水泥砂浆找平层，上铺一毡二油，此种做法防水效果好，但有油毡隔离，削弱了砖墙的整体性，不应在刚度要求高或地震区采用。

如果墙脚采用不透水的材料（如条石或混凝土等），或设有钢筋混凝土地圈梁时，可以不设防潮层，而由圈梁代替防潮层。

3. 散水与明沟

房屋四周可采取散水或明沟排除雨水。

（1）散水：是沿建筑物外墙设置的倾斜坡面，又称排水坡或护坡。当屋面为有组织排水时一般设明沟或暗沟，也可设散水。屋面为无组织排水时一般设散水，但应加滴水砖（石）带。散水的做法通常是在素土夯实上铺三合土、混凝土等材料，厚度 60～70mm。散水应设不小于 3% 的排水坡。散水宽度一般为 0.6～1.0m。当屋面排水方式为自由排水时，散水应比屋面檐口宽 200mm。散水与外墙交接处应设分格缝，分格缝用弹性材料嵌缝，防止外墙下沉时将散水拉裂。散水整体面层纵向距离每隔 6～12m 做一道伸缩缝，如图 3-17、图 3-18 所示。

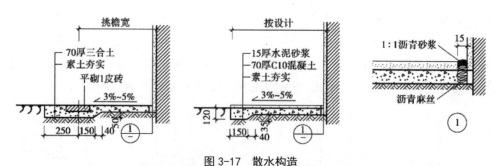

图 3-17 散水构造

图 3-18 房屋散水

（2）明沟：在建筑物四周设排水沟，将水有组织地导向集水井，然后流入排水系统。明沟一般用混凝土浇筑而成，或用砖砌、石砌。沟底应做纵坡，坡度为0.5%～1%，坡向集水井。外墙与明沟之间需做散水，宽度为220～350mm，如图3-19所示。

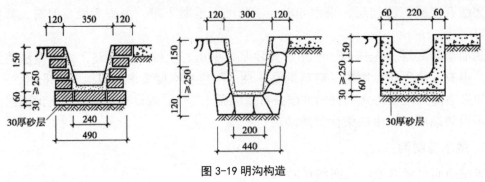

图3-19 明沟构造

（二）窗洞口构造

1. 窗台

窗台按位置和构造做法不同分为外窗台和内窗台，外窗台设于室外，内窗台设于室内。

（1）外窗台。外窗台是窗洞下部的排水构件，它排除窗外侧流下的雨水，防止雨水积聚在窗下浸入墙身和向室内渗透。

窗台分悬挑窗台和不悬挑窗台。外窗台构造要点：①窗台表面应做不透水面层，如抹灰或贴面处理；②窗台表面应做一定的排水坡度，并应注意抹灰与窗下槛交接处的处理，防止雨水向室内渗入；③挑窗台下做滴水或斜抹水泥砂浆，引导雨水垂直下落，不致影响窗下墙面。几种常见类型外窗台的构造如图3-20所示。

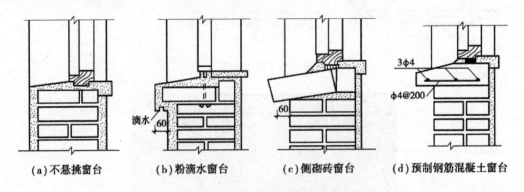

（a）不悬挑窗台　（b）粉滴水窗台　（c）侧砌砖窗台　（d）预制钢筋混凝土窗台

图3-20 窗台的构造

（2）内窗台：内窗台一般水平放置，通常结合室内装修做成水泥砂浆抹面、贴面砖、木窗台板、预制水磨石窗台板等形式。在我国严寒地区和寒冷地区，室内为暖气采暖时，为便于安装暖气片，窗台下留凹龛，称为暖气槽，如图3-21所示。

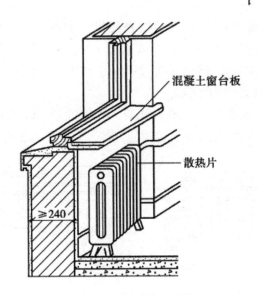

图 3-21　暖气槽与内窗台

　　暖气槽进墙一般 120mm，此时应采用预制水磨石窗台板或木窗台板，形成内窗台。预制窗台板支撑在窗两边的墙上，每端伸入墙内不小于 60mm。

　　（3）窗套与腰线：窗套是由带挑檐的过梁、窗台、窗边挑出立砖构成，如图 3-22 所示；腰线是指将带挑檐的过梁或窗台连接起来形成的水平线条。

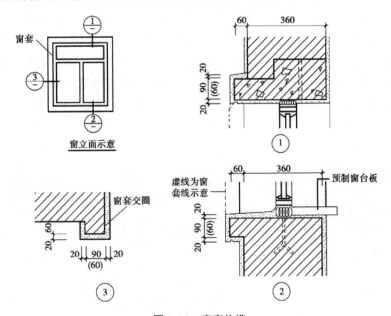

图 3-22　窗套构造

2. 门窗过梁

　　当墙体开设洞口时，为了承受上部砌体传来的各种荷载，并把这些荷载传给两侧的墙体，常在门窗洞口上设置横梁，即门窗过梁。过梁的形式有砖拱过梁、钢筋砖过梁和钢筋混凝土过梁 3 种。

（1）砖拱过梁。砖拱过梁分为平拱和弧拱，如图 3-23 所示。由竖砌的砖作拱圈，一般将砂浆灰缝做成上宽下窄，上宽不大于 20mm，下宽不小于 5mm。砖不低于 MU7.5，砂浆不能低于 M2.5，砖砌平拱过梁净跨宜小于 1.2m，弧拱的跨度较大些但不应超过 1.8m，中部起拱高约为 1/50L。

砖拱过梁节约钢材和水泥，但施工复杂，整体性差，不宜用于上部有集中荷载、震动较大或地基承载力不均匀以及地震区的建筑，如图 3-23 所示。

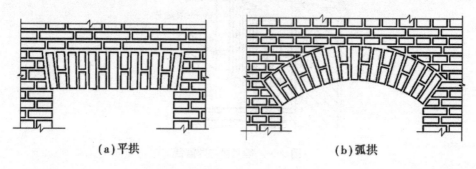

（a）平拱　　　　　　**（b）弧拱**

图 3-23　砖拱过梁

（2）钢筋砖过梁。钢筋砖过梁用砖不低于 MU7.5，砌筑砂浆不低于 M2.5。一般在洞口上方先支木模，砖平砌，设 3 ~ 4 根 6 钢筋，要求伸入两端墙内不少于 240mm，间距不大于 120mm，并设 90° 直弯埋在墙体的竖缝中。

梁高砌 5 ~ 7 皮砖或 ≥ L/4，钢筋砖过梁净跨宜为 1.5 ~ 2m，如图 3-24 所示。

高度一般不小于 5 皮砖，且不小于门窗洞口宽度的 1/4。

（3）钢筋混凝土过梁。钢筋混凝土过梁有现浇和预制两种，梁高及配筋由计算确定。为了施工方便，梁高应与砖的皮数相适应，以方便墙体连续砌筑，故常见梁高为 60，120，180，240mm，即为 60mm 的整倍数。梁宽一般同墙厚，梁两端支承在墙上的长度不少于 240mm，以保证足够的承压面积。

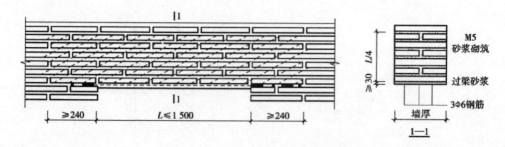

图 3-24　钢筋砖过梁构造示意

过梁断面形式有矩形和 L 形，如图 3-25 所示。矩形截面的过梁一般用于内墙以及部分外混水墙，L 形过梁多用于清水墙，以及有保温要求的外墙。为简化构造、节约材料，可将过梁与圈梁、悬挑雨篷、窗楣板或遮阳板等结合起来设计，如图 3-26 所示。如在南方炎热多雨地区，常从过梁上挑出 300 ~ 500mm 宽的窗楣板，既保护窗户不淋雨，又可遮挡部分直射太阳光。

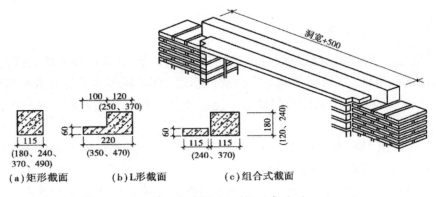

图 3-25 钢筋混凝土过梁形式（一）

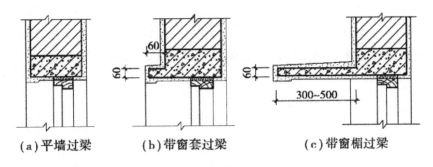

图 3-26 钢筋混凝土过梁形式（二）

当洞口上部有圈梁时，洞口上部的圈梁可兼做过梁，但过梁部分的钢筋应按计算用量另行增配。

（三）变形缝

变形缝：在某些变形敏感部位先沿整个建筑物的高度设置预留缝，将建筑物分成独立的单元，或是分为简单、规则、均一的段，以避免应力集中，并给变形留下适当的余地，如图 3-27 所示。这种将建筑物垂直分开的缝称为变形缝。

图 3-27 变形缝

变形缝：包括伸缩缝、沉降缝、防震缝 3 种。

五、墙体的加固构造及抗震构造

（一）壁柱和门垛

（1）壁柱：当墙体的高度或长度超过一定限值，如240mm厚砖墙长度超过6m，影响到墙体的稳定性；或墙体受到集中荷载的作用，而墙厚较薄不足以承担其荷载时，应增设凸出墙面的壁柱（又称扶壁柱），提高墙体的刚度和稳定性，并与墙体共同承担荷载。

壁柱突出墙面的尺寸一般为120mm×370mm，240mm×370mm，240mm×490mm，或根据结构计算确定。

当在较薄的墙体上开设门洞时，为便于门框的安置和保证墙体的稳定，需在门靠墙转角处或丁字接头墙体的一边设置门垛，门垛凸出墙面不少于120mm，宽度同墙厚，如图3-28（a）所示。

（2）门垛：当墙上开设的门窗洞口处于两墙转角处或丁字墙交接处时，为保证墙体的承载能力及稳定性，便于门框的安装，应设门垛。门垛的尺寸不应小于120mm，如图3-28（b）所示。

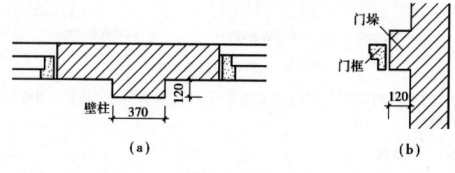

图3-28　壁柱与门垛

（二）圈梁

圈梁是沿外墙四周及部分内墙设置在同一水平面上的连续闭合交圈的按构造配筋的梁。

作用：与楼板配合加强房屋的空间刚度和整体性，减少由于基础的不均匀沉降、振动荷载而引起的墙身开裂，在抗震设防地区，利用圈梁加固墙身更为必要。

1. 圈梁的设置位置及数量

（1）装配式钢筋混凝土楼、屋盖或木楼、屋盖的砖房，横墙承重时应按表3-2要求设置圈梁。

表 3-2　现浇钢筋混凝土圈梁设置

墙类	烈度		
	6，7度	8度	9度
外墙和内纵墙	屋盖处及每层楼盖处	屋盖处及每层楼盖处	屋盖处及每层楼盖处
内横墙	同上，屋盖处间距不应大于7m，楼盖处间距不应大于15m，构造柱对应部位	同上，屋盖处沿所有横墙，且间距不应大于7m，楼盖处间距不应大于7m，构造柱对应部位	同上，各层所有内横墙对应部位

（2）采用多孔砖砌筑住宅、宿舍、办公楼等民用建筑，当墙厚为190mm，且层数在4层以下时，应在底层和檐口标高处各设置一道圈梁；当层数超过4层时，除顶层必须设置圈梁外，宜层层设置圈梁。

（3）采用现浇钢筋混凝土楼（屋）盖的多层砌体房屋，当层数超过5层，抗震设防烈度＜7度时，除在檐口标高处设置一道圈梁外，可隔层设圈梁，并与楼板现浇。当抗震设防烈度≥7度时，宜层层设置。未设置圈梁处的楼面板嵌入墙内的长度不小于120mm，并沿墙长配置不小于2Φ10的纵向钢筋。

圈梁宜设在基础部位、楼板部位、屋盖部位。

2. 圈梁的构造

圈梁分为钢筋砖圈梁和钢筋混凝土圈梁两种。

钢筋砖圈梁就是将前述的钢筋砖过梁沿外墙和部分内墙一周连通砌筑而成。钢筋混凝土圈梁的高度不小于120mm，宽度与墙厚相同。圈梁的构造如图3-29所示。

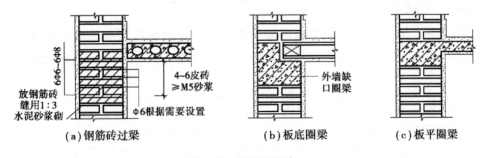

图 3-29　圈梁的构造

3. 附加圈梁

当圈梁被门窗洞口截断时，应在洞口上部增设相同截面的附加圈梁，其配筋和混凝土强度等级均不变。附加圈梁与圈梁的搭接长度不应小于两者中心线间的垂直间距的2倍，且不得小于1m，如图3-30所示。

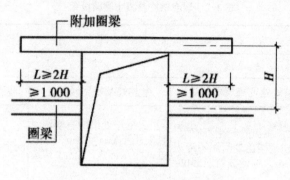

图 3-30 圈梁的搭接（附加圈梁）

4. 圈梁的宽度

圈梁宽度一般同墙厚，在寒冷地区可略小于墙厚，当墙厚不小于 190mm 时，其宽度不宜小于 2/3 墙厚。圈梁的高度不宜小于 120mm，对于多孔砖墙应不小于 200mm，且应为砖厚的整倍数。配筋应符合表 3-3 的规定要求。

表 3-3　现浇钢筋混凝土圈梁配筋设置

配筋	烈度		
	6，7 度	8 度	9 度
最小纵筋	4 Φ 10	4 Φ 12	4 Φ 14
最大箍筋间距	Φ6@250mm	Φ6@200mm	Φ6@150mm

（三）构造柱

钢筋混凝土构造柱是从构造角度考虑设置的，是防止房屋倒塌的一种有效措施。构造柱必须与圈梁及墙体紧密相连，从而加强建筑物的整体刚度，提高墙体抗变形的能力。

1. 构造柱的设置要求

由于建筑物的层数和地震烈度不同，构造柱的设置要求也不相同。

多层砌体构造柱一般设置在建筑物的四角，外墙的错层部位横墙与外纵墙的交接处，较大洞口的两侧，大房间内外墙的交接处，楼梯间、电梯间以及某些较长墙体的中部。

由于房屋层数和地震烈度不同，构造柱的设置要求如表 3-4 所示。

表 3-4 构造柱设置的位置

层数				设置部位	
6度	7度	8度	9度		
4, 5	3, 4	2, 3		外墙四角，错层部位横墙外纵墙交接处，大房间内外墙交接处，较大洞口两侧	7, 8度时，楼、电梯间四角；隔15m或单元横墙与外纵墙交接处
6, 7	5	4	2		隔开间横墙（轴线）与外纵墙交接处，山墙与内纵墙交接处；7～9度时，楼、电梯间四角
8	6, 7	5, 6	3, 4		内墙（轴线）与外墙交接处，内墙的局部较小墙垛处；7～9度时，楼、电梯间四角；9度时内纵墙与横墙（轴线）交接处

2. 构造柱的构造做法

（1）构造柱最小截面为180mm×240mm，纵向钢筋宜用4Φ12，箍筋间距不大于250mm，且在每层楼面柱的上下端宜适当加密；7度时超过6层、8度时超过5层和9度时，纵向钢筋宜用4Φ14，箍筋间距不大于200mm；房屋角的构造柱可适当加大截面及配筋。

（2）施工时，应先放构造柱的钢筋骨架，再砌砖墙，最后浇筑混凝土。构造柱与墙连接处应砌成马牙槎，即每300mm高伸出60mm，每300mm高再缩进60mm，沿墙高每500mm设2Φ6拉结钢筋，每边伸入墙内不小于1m。

（3）构造柱可不单独设基础，但应伸入室外地面下500mm，或与埋深不小于500mm的基础梁相连。构造柱顶部应与顶层圈梁或女儿墙压顶拉结。

构造柱具体做法如图3-31和图3-32所示。

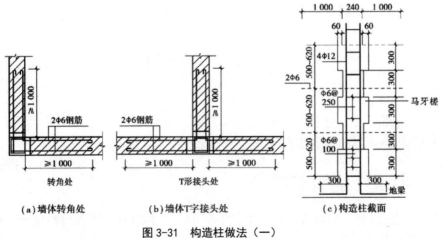

图 3-31 构造柱做法（一）

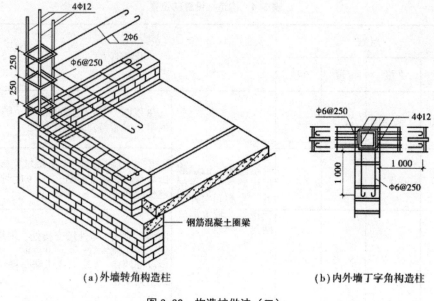

图 3-32　构造柱做法（二）

六、防火墙

防火墙的作用在于截断火灾区域，防止火灾蔓延。作为防火墙，其耐火极限应不小于4.0h。防火墙的最大间距应根据建筑物的耐火等级而定，当耐火等级为一、二级时，其间距为150m；三级时为100m；四级时为75m。

防火墙应截断燃烧体或难燃烧体的屋顶，并高出非燃烧体屋顶400mm；高出难燃烧体屋面500mm。

七、节能复合墙体的构造

建筑节能的主要措施之一是加强围护结构的节能，发展高效、节能的外保温墙体。外保温墙主体采用混凝土空心砌块，非黏土砖、黏土多孔砖以及现浇混凝土墙体。外侧采用轻质保温隔热层和耐候饰面层。

第三节　骨架墙

骨架墙是指填充或悬挂于框架或排架柱间，并由框架或排架承受其荷载的墙体。它在多层、高层民用建筑和工业建筑中应用较多。

一、框架外墙板的类型

按所使用的材料，外墙板可分为3类，即单一材料墙板、复合材料墙板、玻璃幕墙。单一材料墙板用轻质保温材料制作，如加气混凝土、陶粒混凝土等。复合材料墙板通常由 3 层组成，即内壁、外壁和夹层。外壁选用耐久性和防水性均较好的材料，如石棉水泥板、钢丝网水泥、轻骨料混凝土等。内壁应选用防火性能好又便于装修的材料，如石膏板、塑料板等。夹层宜选用容积密度小、保温隔热性能好、价廉的材料，如矿棉、玻璃棉、膨胀珍珠岩、膨胀蛭石、加气混凝土、泡沫混凝土、泡沫塑料等。

二、外墙板的布置方式

外墙板可以布置在框架外侧，或框架之间，或安装在附加墙架上，如图 3-33 所示。轻型墙板通常需安装在附加墙架上，以使得外墙具有足够的刚度，保证在风力和地震力的作用下不会变形。

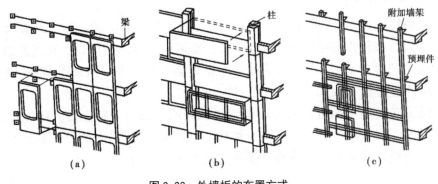

图 3-33　外墙板的布置方式

三、外墙板与框架的连接

外墙板可以采用上挂或下承两种方式支承于框架柱、梁或楼板上。根据不同的板材类型和板材的布置方式，可采取焊接法、螺栓连结法、插筋锚固法等将外墙板固定在框架上。

无论采用何种方法，均应注意以下构造要点：

（1）外墙板与框架连接应安全可靠。

（2）不要出现"冷桥"现象，防止产生结露。

（3）构造简单，施工方便。

第四节　隔墙构造

隔墙是分隔建筑物内部空间的非承重构件，本身重量由楼板或梁来承担。设计要求隔墙自重轻，厚度薄，有隔声和防火性能，便于拆卸，浴室、厕所的隔墙能防潮、防水。常用隔墙有块材隔墙、轻骨架隔墙和板材隔墙 3 类。

块材隔墙是用普通黏土砖、空心砖、加气混凝土等块材砌筑而成，常采用普通砖隔墙和砌块隔墙两种。

隔墙应满足以下要求：

（1）自重轻，有利于减轻楼板的荷载。

（2）厚度薄，可增加建筑的有效空间。

（3）便于拆卸，能随使用要求的改变而变化。

（4）具有一定的隔声能力，使各使用房间互不干扰。

（5）按使用部位不同，有不同的要求，如防潮、防水、防火等。

一、块材隔墙

（一）砖砌隔墙

普通砖隔墙一般采用 1/2 砖（120mm）隔墙。1/2 砖墙用普通黏土砖采用全顺式砌筑而成。砌筑砂浆强度等级通常不低于 M5，砌筑较大面积墙体时，长度超过 6m 应设砖壁柱，高度超过 5m 时应在门过梁处设通长钢筋混凝土带。当采用 M2.5 级砂浆砌筑时，其高度不宜超过 3.6m，长度不宜超过 5m。

为了保证砖隔墙不承重，在砖墙砌到楼板底或梁底时，将立砖斜砌一皮，或将空隙塞木楔打紧，然后用砂浆填缝。8 度和 9 度时长度大于 5.1m 的后砌非承重砌体隔墙的墙顶，应与楼板或梁拉接。普通砖隔墙构造如图 3-34 所示。

图 3-34 普通砖隔墙构造图

（二）砌块隔墙

为减轻隔墙自重，可采用轻质砌块，墙厚一般为 90 ～ 120mm。加固措施与 1/2 砖隔墙做法相同。砌块不够整块时宜用普通黏土砖填补。因砌块墙重量轻、孔隙率大、隔热性能好，但吸水性强，故在砌筑时先在墙下部实砌 3 ～ 5 皮实心黏土砖再砌砌块。

常采用砌块有加气混凝土砌块、矿渣空心砖、陶粒混凝土砌块等。砌块较薄，也需采取措施，加强其稳定性，其方法与普通砖隔墙相同。

二、轻骨架隔墙

轻骨架隔墙由骨架和面板层两部分组成。骨架可分为木骨架和金属骨架，面板也分为板条抹灰、钢丝网板条抹灰、胶合板、纤维板、石膏板等。由于先立墙筋（骨架），再做面层，故又称为立筋式隔墙。

（一）板条抹灰隔墙

板条抹灰隔墙是由上槛、下槛、墙筋斜撑或横档组成木骨架，其上钉以板条再抹灰而成。

（二）立筋面板隔墙

立筋面板隔墙是指面板用人造胶合板、纤维板或其他轻质薄板，骨架为木质或金属组合而成。

（1）骨架。墙筋间距视面板规格而定。金属骨架一般采用薄型钢板、铝合金薄板或拉眼钢板网加工而成，并保证板与板的接缝在墙筋和横档上。

（2）饰面层。常用饰面层类型有胶合板、硬质纤维板、石膏板等。

采用金属骨架时，可先钻孔，用螺栓固定，或采用膨胀铆钉将板材固定在墙筋上。立筋面板隔墙为干作业、自重轻、可直接支撑在楼板上、施工方便、灵活多变，故得到广泛应用，但隔声效果较差。

三、板材隔墙

板材隔墙是指各种轻质板材的高度相当于房间净高，不依赖骨架，可直接装配而成，目前多采用条板，如碳化石灰板、加气混凝土条板、多孔石膏条板、纸蜂窝板、水泥刨花板、复合彩色钢板等。板材隔墙具有自重轻、安装方便、施工速度快、工业化程度高等特点。

预制条板的厚度大多为 60 ～ 100mm，宽度为 600 ～ 1000mm。长度略小于房间净高。安装时，条板下部选用小木楔顶紧，然后用细石混凝土堵严板缝，用胶粘剂粘接，并用胶泥刮缝，平整后再做表面装修，如图 3-35 所示。

图 3-35　板材隔墙构造图

四、隔断

（一）屏风式隔断

隔断与顶棚保持一定距离，起到分隔空间和遮挡视线的作用。

屏风式隔断的分类：按其安装架立方式不同可分为固定式屏风隔断和活动式屏风隔断。固定式隔断又可分为立筋骨架式（图 3-36）和预制板式。

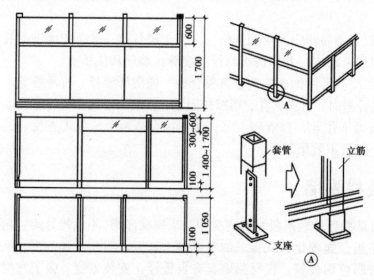

图 3-36　屏风式隔断

（二）移动式隔断

移动式隔断可以随意闭合或打开，使相邻的空间随之独立或合成一个空间。这种隔断使用灵活，在关闭时也能起到限定空间、隔声和遮挡视线的作用。

种类有拼装式、滑动式、折叠式、悬吊式、卷帘式和起落式等多种形式。

（三）镂空式隔断

镂空式隔断是公共建筑门厅、客厅等处分隔空间常用的一种形式，有竹、木制的，也有混凝土预制构件的，形式多样，如图 3-37 所示。隔断与地面、顶棚的固定也因材料不同而变化，可用钉、焊等方式连接。

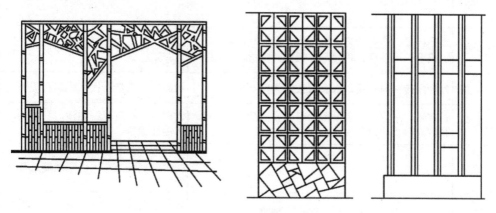

图 3-37 镂空式隔断

（四）帷幕式隔断

帷幕式隔断占使用面积小、能满足遮挡视线的功能、使用方便、便于更新，一般多用于住宅、旅馆和医院。

（五）家具式隔断

家具式隔断是巧妙地把分隔空间与贮存物品两功能结合起来，这种形式多用于住宅的室内设计以及办公室的分隔等。

第五节 墙面装修

一、墙面装修的作用

（1）保护墙体：增强墙体的坚固性、耐久性，延长墙体的使用年限。
（2）改善墙体的使用功能：提高墙体的保温、隔热和隔声能力。
（3）美化和装饰作用：提高建筑的艺术效果，美化环境。

二、墙面装修的分类

（1）按装修所处部位不同，分为室外装修和室内装修两类。室外装修要求采用强度高、抗冻性强、耐水性好以及具有抗腐蚀性的材料。室内装修材料则因室内使用功能不同，要求有一定的强度、耐水性及耐火性。

（2）按饰面材料和构造不同，有清水勾缝、抹灰类、贴面类、涂刷类、裱糊类、条板类、玻璃（或金属）幕墙等，如表3-5所示。

表3-5　墙面装修分类

类别	室外装修	室内装修
抹灰类	水泥砂浆、混合砂浆、聚合物水泥砂浆、拉毛、水刷石、干粘石、斩假石、假面砖喷涂、滚涂等	纸筋灰、麻刀灰粉面、石膏粉面、膨胀珍珠岩灰浆、混合砂浆、拉毛、拉条等
贴面类	外墙面砖、马赛克、水磨石板、天然石板等	釉面砖、人造石板、天然石板等
涂料类	石灰浆、水泥浆、溶剂型涂料、乳液涂料、彩色胶砂涂料、彩色弹涂等	大白浆、石灰浆、油漆、乳胶漆、水溶性涂料、弹涂等
裱糊类		塑料墙纸、金属面墙纸、木纹壁纸、花纹玻璃纤维布、纺织面墙纸及绵锻等
铺钉类	各种金属饰面板、石棉水泥板、玻璃	各种木夹板、木纤维板、石膏板及各种装饰面板等

三、抹灰类墙面装修

抹灰又称粉刷，是我国传统的饰面做法，是由水泥、石灰膏为胶结材料加入砂或石渣与水拌和成砂浆或石渣浆，抹到墙面上的一种操作工艺，属湿作业。抹灰分为一般抹灰和装饰抹灰两类。

（一）一般抹灰

一般抹灰有石灰砂浆、混合砂浆、水泥砂浆等。外墙抹灰一般为20～25mm，内墙抹灰为15～20mm，顶棚为12～15mm。在构造上和施工时需分层操作，一般分为底层、中层和面层，各层的作用和要求不同。

（1）底层抹灰主要起到与基层墙体粘结和初步找平的作用。

（2）中层抹灰在于进一步找平以减少打底砂浆层干缩后可能出现的裂纹。

（3）面层抹灰主要起装饰作用，因此要求面层表面平整、无裂痕、颜色均匀。

抹灰按质量及工序要求分为3种标准，如表3-6所示。

表3-6　抹灰类3种标准

层次 标准	底层/mm	中层/mm	面层/mm	总厚度/mm	适用范围
普通抹灰	1		1	≤18	简易宿舍、仓库等
中级抹灰	1	1	1	≤20	住宅、办公楼、学校、旅馆等
高级抹灰	1	若干	1	≤25	公共建筑、纪念性建筑，如剧院、展览馆等

（二）装饰抹灰

装饰抹灰有水刷石、干粘石、斩假石、水泥拉毛等。装饰抹灰一般是指采用水泥、石灰砂浆等抹灰的基本材料，除对墙面作一般抹灰之外，利用不同的施工操作方法将其直接做成饰面层。

1. 基层处理

砖石基层：做饰面前，应除去浮灰，必要时用水冲净。

混凝土及钢筋混凝土基层：除去混凝土表面的脱模剂，还必须将表面打毛，用水除去浮尘。

加气混凝土表面：抹灰前应将加气混凝土表面清扫干净，除去浮灰，浇水润湿并涂刷一遍107胶水溶液或其他加气混凝土界面剂。

2. 抹灰构造层次

底灰又称"刮糙"，主要起与基层的粘结及初步找平的作用。

对砖、石墙，应用水泥砂浆或石灰水泥混合砂浆打底。基层为板条基层时，应采用石灰砂浆作底灰，并在砂浆中掺入麻刀或其他纤维。轻质混凝土砌块墙应用混合砂浆或聚合物砂浆。

混凝土墙或湿度大的房间或有防水、防潮要求的房间，底灰宜选用水泥砂浆。底灰厚 5 ~ 15mm。中层抹灰主要起找平作用，厚度一般为 5 ~ 10mm。面层抹灰主要起装修作用，要求表面平整、色彩均匀、无裂缝，可以做成光滑、粗糙等不同质感的表面。

（三）墙面局部处理

（1）墙裙。在室内抹灰中，对人群活动频繁、易受碰撞的墙面，或有防水、防潮要求的墙身，如门厅、走廊、厨房、浴室、厕所等处的墙面应做墙裙。墙裙高 1.5m 或 1.8m。

具体做法：1 : 3 水泥砂浆打底，1 : 2 水泥砂浆或水磨石罩面，也可贴面砖、刷油漆或铺钉胶合板等。

（2）踢脚。在内墙面和楼地面的交接处，为了遮盖地面与墙面的接缝、保护墙身、防止擦洗地面时弄脏墙面，常做踢脚线。踢脚线高 120mm 或 150mm。

（3）装饰线。为了增加室内美观，在内墙面与顶棚的交接处做成各种装饰线。

（4）护角。对于易被碰撞的内墙阳角或门窗洞口，通常抹 1 : 2 水泥砂浆做护角，并用素水泥浆抹成圆角，高度 2m，每侧宽度不应小于 50mm。

（5）木引条。外墙面抹灰面积较大，由于材料干缩和温度变化，容易产生裂缝，常在抹灰面层做分格处理，称为引条线。引条线的做法是在底灰上埋放不同形式的木引条，面层抹灰完毕后及时取下引条，再用水泥砂浆勾缝，以提高抗渗能力。

四、贴面类墙面装修

贴面类装修指在内外墙面上粘贴各种天然石板、人造石板、陶瓷面砖等，通过绑、挂或直接粘贴于基层表面的装修做法。

贴面类材料包括：花岗岩板和大理石板等天然石板；水磨石板、水刷石板、剁斧石板等人造石板；面砖、瓷砖、锦砖等陶瓷和玻璃制品。

（一）面砖饰面构造

1. 铺贴方法

面砖应先放入水中浸泡，安装前取出晾干或擦干净，安装时先抹 15mm1：3 水泥砂浆找底并划毛，再用 1：0.3：3 水泥石灰混合砂浆或用掺有 107 胶（水泥用量 5%～7%）的 1：2.5 水泥砂浆满刮 10mm 厚面砖背面紧粘于墙上。贴于外墙的面砖，常在面砖之间留出一定缝隙。

2. 面砖材料

釉面砖：精陶制品，内墙。

墙地砖：炻器，贴外墙面砖为面砖，铺地面砖为地砖，分无釉砖、釉面砖。

劈离砖：以黏土为原料烧制而成。

面砖饰面构造如图 3-38 所示。

图 3-38　面砖饰面构造示意图

（二）陶瓷锦砖饰面

陶瓷锦砖也称为马赛克，有陶瓷锦砖和玻璃锦砖之分。它的尺寸较小，根据其花色品种，可拼成各种花纹图案。

锦砖的安装：铺贴时先按设计的图案将小块材正面向下贴在 500mm×500mm 大小的牛皮纸上，然后牛皮纸面向外将马赛克整块粘贴在 1：1 水泥细砂砂浆上，用木板压平。砂浆硬结后，洗去牛皮纸，修整。饰面基层上，待半凝后将纸洗掉，同时修整饰面。

玻璃马赛克：与陶瓷锦砖相似，是透明的玻璃质饰面材料，它质地坚硬、色泽柔和，具有耐热、耐蚀、不龟裂、不褪色、造价低的特点。

（三）天然石材和人造石材饰面

石材按其厚度分有两种，通常厚度为 30～40mm 为板材，厚度为 40～130mm 以上称为块材。常见天然板材饰面有花岗石、大理石和青石板等，具有强度高、耐久性好等特点，多作高级装饰用。常见人造石板有预制水磨石板、人造大理石板等。

1. 石材拴挂法（湿法挂贴）

天然石材和人造石材的安装方法相同，先在墙内或柱内预埋 6 铁箍，间距依石材规格而定，而铁箍内立 6 ～ 10 竖筋，在竖筋上绑扎横筋，形成钢筋网。在石板上下边钻小孔，用双股 16 号钢丝绑扎固定在钢筋网上。上下两块石板用不锈钢卡销固定。板与墙面之间预留 20 ～ 30mm 缝隙，上部用定位活动木楔做临时固定，校正无误后，在板与墙之间浇筑 1：3 水泥砂浆，待砂浆初凝后，取掉定位活动木楔，继续上层石板的安装。构造如图 3-39 所示。

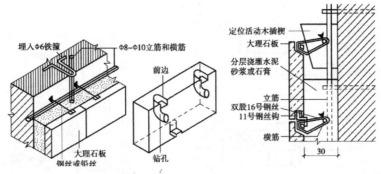

图 3-39 石材拴挂法构造（湿法挂贴）

2. 干挂石材法（连接件挂接法）

干挂石材的施工方法是用一组高强耐腐蚀的金属连接件，将饰面石材与结构可靠地连接，其间形成空气间层不作灌浆处理。构造如图 3-40 所示。

干挂法的特点：

①装饰效果好，石材在使用过程中表面不会泛碱。

②施工不受季节限制，无湿作业，施工速度快、效率高，施工现场清洁。

③石材背面不灌浆，减轻了建筑物自重，有利于抗震。

④饰面石材与结构连接（或与预埋件焊接）构成有机整体，可用于地震区和大风地区。

⑤采用干挂石材法造价比湿挂法高 15% ～ 25%。

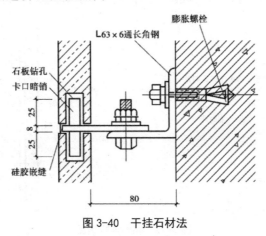

图 3-40 干挂石材法

干挂法构造方案：

①无龙骨体系：根据立面石材设计要求，全部采用不锈钢的连接件，与墙体直接连接（焊接或栓接），通常用于钢筋混凝土墙面，如图3-41（a）所示。

②有龙骨体系：由竖向龙骨和横向龙骨组成。主龙骨可选用镀锌方钢、槽钢、角钢，该体系适用于各种结构形式。

用于连接件的舌板、销钉、螺栓一般均采用不锈钢，其他构件视具体情况而定。

密封胶应具有耐水、耐溶剂和耐大气老化及低温弹性、低气孔率等特点，且密封胶应为中性材料，不对连接件构成腐蚀，如图3-41（b）所示。

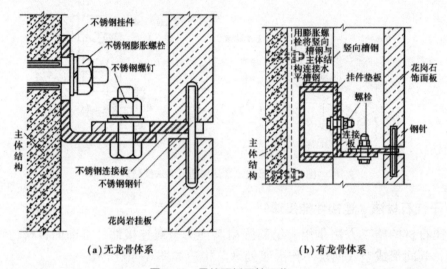

（a）无龙骨体系　　　　　　　　（b）有龙骨体系

图 3-41　天然石板干挂工艺

饰面板（砖）类饰面：利用各种天然或人造板、块，通过绑、挂或直接粘贴于基层表面的装饰装修做法，主要有粘贴和挂贴两种做法。

饰面板（砖）的粘贴构造：水泥砂浆粘贴构造一般分为底层、黏结层和块材面层3个层次。

建筑胶粘贴的构造做法：将胶凝剂涂在板背面的相应位置，然后将带胶的板材经就位、挤紧、找平、校正、扶直、固定等工序，粘贴在清理好的基层上，如图3-42所示。

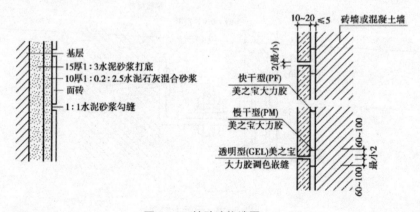

图 3-42　粘贴法构造图

五、涂料类墙面装修

涂料是指喷涂、刷于基层表面后，能与基层形成完整而牢固的保护膜的涂层饰面装修。涂料按其主要成膜物的不同，具有造价低、装饰性好、工期短、工效高、自重轻、操作简单、维修方便、更新快等优点，在建筑上得到广泛的应用和发展。涂料可以分为有机涂料和无机涂料两大类。

（一）无机涂料

常用的无机涂料有石灰浆、大白浆、可赛银浆、无机高分子涂料等。普通无机涂料，如石灰浆、大白浆、可赛银浆等，多用于一般标准的室内装修。无机高分子涂料有 JH80-1 型、JH80-2 型、JHN84-1 型、F832 型、LH-82 型、HT-1 型等。无机高分子涂料具有耐水、耐酸碱、耐冻融、装修效果好、价格较高等特点，多用于外墙面装修和有耐擦洗要求的内墙面装修。

（二）有机涂料

有机合成涂料依其主要成膜物质和稀释剂的不同，可分为溶剂型涂料、水溶性涂料和乳液型涂料 3 种。

溶剂型涂料包括传统的油漆涂料、苯乙烯内墙涂料、聚乙烯醇缩丁醛内（外）墙涂料、过氯乙烯内墙涂料等。

水溶性涂料包括聚乙烯醇水玻璃内墙涂料（即 106 涂料）、聚合物水泥砂浆饰面涂层、改性水玻璃内墙涂料、108 内墙涂料、ST-803 内墙涂料、JGY-821 内墙涂料、801 内墙涂料等。

乳液涂料又称乳胶漆，包括乙丙乳胶涂料、苯丙乳胶涂料等，多用于内墙装修。

（三）构造做法

建筑涂料的施涂方法一般分刷涂、滚涂和喷涂 3 种。

施涂溶剂型涂料时，后一遍涂料必须在前一遍涂料完全干透后进行，否则易发生皱皮、开裂等质量问题。

施涂水溶性涂料时，要求与做法同上。每遍涂料均应施涂均匀，各层应结合牢固。

在湿度较大，特别是遇明水部位的外墙和厨房、厕所、浴室等房间内施涂涂料时，应选用耐洗刷性较好的涂料和耐水性能好的腻子材料（如聚醋酸乙烯乳液水泥腻子等）。

用于外墙的涂料应具有良好的耐水性、耐碱性，还应具有良好的耐洗刷性、耐冻融循环性、耐久性和耐沾污性。

六、裱糊类墙面装修

裱糊类墙面装修是将各种装饰性的墙纸、墙布、织锦等材料裱糊在内墙面上的一种装修饰面。墙纸品种很多，分为 PVC 塑料壁纸、复合壁纸、玻璃纤维墙布等。

裱糊类墙体饰面装饰性强、造价较经济、施工方法简捷高效、材料更换方便，并且在曲面和墙面转折处粘贴，可以顺应基层，获得连续的饰面效果。目前，国内使用最多的是塑料墙纸和玻璃纤维墙布等。

裱糊类墙面装修构造：

（1）基层处理：在基层刮腻子，以使裱糊墙纸的基层表面平整光滑。同时为了避免基层吸水过快，还应对基层进行封闭处理。处理方法为：在基层表面满刷一遍按 1：0.5 ~ 1：1 稀释的 107 胶水。

（2）墙面应采用整幅裱糊，裱糊的顺序为先上后下、先高后低。粘贴剂通常采用 107 胶水，配合比为：107 胶水：羧甲基纤维素（2.5%）水溶液：水 =100：（20 ~ 30）：50，107 胶水的含固量为 12% 左右。

七、板材类墙面装修

板材类装修是指采用天然木板或各种人造薄板借助于镶钉胶等固定方式对墙面进行装饰处理。板材类墙面由骨架和面板组成。骨架有木骨架和金属骨架，面板有硬木板、胶合板、纤维板、石膏板等各种装饰面板和近年来应用日益广泛的金属面板。常见的构造方法如下：

（一）木质板墙面

木质板墙面是用各种硬木板、胶合板、纤维板以及各种装饰面板等做的装修，具有美观大方、装饰效果好，且安装方便等优点，但防火、防潮性能欠佳，一般多用作宾馆、大型公共建筑的门厅以及大厅面的装修。木质板墙面装修构造是先立墙筋，然后外钉面板，如图 3-43 所示。

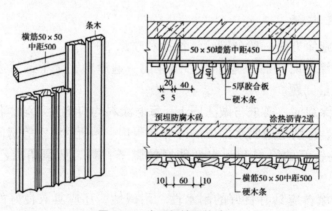

图 3-43 木质板墙面构造

（二）金属薄板墙面

金属薄板墙面是指利用薄钢板、不锈钢板、铝板或铝合金板作为墙面装修材料。其以精密、轻盈等优点，体现着新时代的审美情趣。

金属薄板墙面装修构造，也是先立墙筋，然后外钉面板。墙筋用膨胀铆钉固定在墙上，间距为 60 ~ 90mm。金属板用自攻螺丝或膨胀铆钉固定，也可先用电钻打孔后用木螺丝固定。

（三）石膏板墙面

石膏板墙面的一般构造做法：首先在墙体上涂刷防潮涂料；然后在墙体上铺设龙骨，将石膏板钉在龙骨上；最后进行板面修饰。

第六节 建筑幕墙

一、幕墙类型

（1）按幕面材料的不同可分为玻璃、金属、轻质混凝土挂板、天然花岗石板等幕墙。其中玻璃幕墙是当代的一种新型墙体，不仅装饰效果好，而且质量轻、安装速度快，是外墙轻型化、装配化较理想的形式。

（2）玻璃幕墙按构造方式不同可分为露框、半隐框、隐框及悬挂式玻璃幕墙等。

（3）按施工方式不同可分为分件式幕墙（现场组装）和板块式幕墙（预制装配）两种。

二、玻璃幕墙的构造组成

玻璃幕墙由玻璃和金属框组成幕墙单元，借助于螺栓和连接铁件安装到框架上。

（1）金属边框：有竖框、横框之分，起骨架和传递荷载作用，可用铝合金、铜合金、不锈钢等型材做成。如图 3-44 所示为铝合金边框的工程实例；如图 3-45 所示为幕墙铝框连接构造。

图 3-44 铝合金边框的工程实例

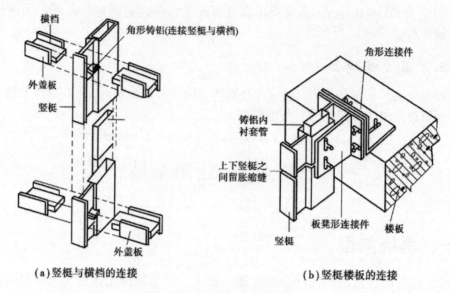

图 3-45　幕墙铝框连接构造

（2）玻璃：有单层、双层、双层中空和多层中空玻璃，起采光、通风、隔热、保温等围护作用，通常选择热工性能好、抗冲击能力强的钢化玻璃、吸热玻璃、镜面反射玻璃、中空玻璃等。接缝构造多采用密封层、密封衬垫层、空腔三层构造层。

（3）连接固定件：有预埋件、转接件、连接件、支承用材等，在幕墙及主体结构之间以及幕墙元件与元件之间起连接固定作用。

（4）装修件：包括后衬板（墙）、扣盖件及窗台、楼地面、踢脚、顶棚等构部件，起密闭、装修、防护等作用。

（5）密缝材：有密封膏、密封带、压缩密封件等，起密闭、防水、保温、绝热等作用；此外，还有窗台板、压顶板、泛水、防止凝结水和变形缝等专用件。

三、玻璃幕墙细部构造

（1）竖向骨架与梁的连接，如图 3-46（a）所示。

（2）竖向骨架与柱的连接，如图 3-46（b）所示。

（3）竖向骨架与横向骨架的连接，连接件、连接构造如图 3-46（c）、图 3-46（d）所示。

(a)竖向骨架与梁的连接　　　　(b)竖向骨架与柱的连接

(c)横向骨架连接件　　　　(d)竖向骨架与横向骨架的连接

图 3-46　骨架的连接构造

第四章 楼地层

第一节 楼地层的构造组成、类型及设计要求

楼地层包括楼板层与地坪层，是分隔建筑空间的水平承重构件。它一方面承受着楼板层上的全部活荷载和恒荷载，并把这些荷载合理有序地传给墙或柱；另一方面对墙体起着水平支撑作用，以减少风力和地震产生的水平力对墙体的影响，加强建筑物的整体刚度；此外，还应具备一定的隔声、防火、防水、防潮等能力。

一、楼地层的构造组成

为了满足楼板层使用功能的要求，楼地层形成了多层构造的做法，而且其总厚度取决于每一构造层的厚度。通常楼板层由以下几个基本部分组成，如图4-1所示。

（一）楼板面层

楼板面层位于楼板层的最上层，起着保护楼板层、分布荷载和绝缘的作用，同时对室内起美化装饰作用。

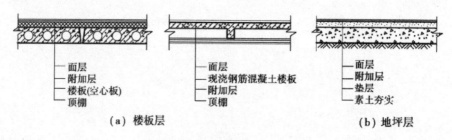

（a）楼板层   （b）地坪层

图4-1 楼地层的组成

（二）楼板结构层

楼板结构层位于楼板层的中部，是承重构件（包括板和梁）。其主要功能是承受楼板层上的全部荷载，并将这些荷载传给墙或柱；同时还对墙身起水平支撑作用，以加强建筑物的整体刚度，实际上也就是保证楼板层的强度和刚度。

（三）附加层

附加层又称功能层，根据楼板层的具体要求而设置，主要作用是隔声、隔热、保温、防水、防潮、防腐蚀、防静电等。根据需要，有时和面层合二为一，有时又和吊顶合为一体。

（四）楼板顶棚层

楼板顶棚层位于楼板层最下层，主要作用是保护楼板、安装灯具、遮挡各种水平管线，改善室内光照条件，装饰美化室内空间。

二、楼板的类型

根据所用材料不同，楼板可分为木楼板、钢筋混凝土楼板和钢衬板组合楼板等多种类型（图4-2）。

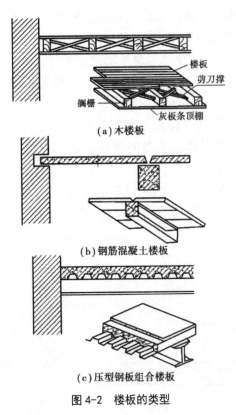

(a) 木楼板

(b) 钢筋混凝土楼板

(c) 压型钢板组合楼板

图4-2　楼板的类型

（1）木楼板是我国传统做法，是在由墙或梁支撑的木搁栅上铺钉木板，木搁栅之间有剪刀撑。下做板条抹灰顶棚。木楼板自重轻，保温隔热性能好、舒适、有弹性，只在木材产地采用较多，但耐火性和耐久性均较差，且造价偏高，为节约木材和满足防火要求，现采用较少。

（2）钢筋混凝土楼板强度高，刚度好，耐火性和耐久性好，还具有良好的可塑性，在我国便于工业化生产，应用最广泛。

（3）压型钢板组合楼板是在钢筋混凝土基础上发展起来的，利用钢衬板作为楼板的受弯构件和底模，既提高了楼板的强度和刚度，又加快了施工进度，是目前正大力推广的一种新型楼板。

三、楼板层的设计要求

（一）具有足够的强度和刚度

强度要求是指楼板层应保证在自重和活荷载作用下安全可靠，不发生任何破坏。这主要是通过结构设计来满足要求。刚度要求是指楼板层在一定荷载作用下不发生过大变形，以保证正常使用状况。《混凝土结构设计规范》（GB50010—2010）规定楼板的允许挠度不大于跨度的1/250，可用板的最小厚度（1/40L～1/35L）来保证其刚度。

（二）具有一定的隔声能力

为了避免上下层房间的相互影响，要求楼板应具有一定隔绝噪声的能力。不同使用性质的房间对隔声的要求不同，如我国对住宅楼板的隔声标准中规定：一级隔声标准为65dB，二级隔声标准为75dB。对一些特殊性质的房间（如广播室、录音室、演播室等）的隔声要求则更高。楼板层主要是隔绝固体传声，如人的脚步声、拖动家具、敲击楼板等都属于固体传声，这样给楼下住户带来很大不便。防止固体传声可采取以下措施：

（1）在楼板表面铺设地毯、橡胶、塑料毡等柔性材料，或在面层镶软木砖，从而减弱撞击楼板层的声能，减弱楼板本身的振动。柔性材料隔声效果好，又便于工业化和机械化施工。

（2）在楼板与面层之间加弹性垫层以降低楼板的振动，即"浮筑式楼板"。弹性垫层可做成片状、条状和块状，使楼板与面层完全隔离，达到较好的隔声效果（图4-3），但施工复杂，采用较少。

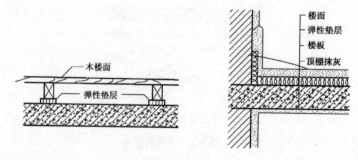

图4-3　浮筑楼板

（3）在楼板下加设吊顶，使固体噪声不直接传入下层空间，楼板和吊顶间的隔绝空气层可降低固体传声。吊顶的面层应很密实，不留缝隙，以免降低隔声效果。吊顶与楼板采用弹性连接时其隔声效果更好，如图4-4所示。

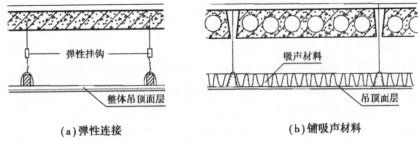

（a）弹性连接　　　　　　　　　　（b）铺吸声材料

图 4-4　隔声吊顶

（三）满足防火设计规范规定

《建筑设计防火规范》（GB 50016—2014）中规定：一级耐火等级建筑的楼板应采用非燃烧体，耐火极限不少于 1.5h；二级时耐火极限不少于 1h；三级时耐火极限不少于 0.5h；四级时耐火极限不少于 0.25h。保证在火灾发生时，在一定时间内不至于因楼板塌陷而给生命和财产带来损失。

（四）具有防潮、防水能力

对有水的房间（如卫生间、盥洗室、厨房或学校的实验室、医院的检验室等），都应该进行防潮防水处理，以防止水的渗漏，影响下层空间的正常使用，或者防止水渗入墙体使结构内部产生冷凝水，破坏墙体和内外饰面。

（五）满足各种管线的设置

在现代建筑中，由于各种服务设施日趋完善，家用电器更加普及。有更多的管道、线路将借楼板层来敷设。为保证室内平面布置更加灵活，空间使用更加完整；在楼板层的设计中，必须仔细考虑各种设备管线的走向。

在多层房屋中楼板层的造价占总造价的 20% ~ 30%，因此在进行结构选型、结构布置和确定构造方案时，应与建筑物的质量标准和房间使用要求相适应，减少材料消耗，降低工程造价，满足建筑经济的要求。

第二节　钢筋混凝土楼板构造

钢筋混凝土楼板按其施工方法不同可分为现浇式、装配式和装配整体式三种。

一、现浇式钢筋混凝土楼板

现浇式钢筋混凝土楼板是在施工现场支模、扎钢筋、浇筑混凝土而成型的楼板结构。由于楼板系现场整体浇筑成型，整体性好，特别适用于有抗震设防要求的多层房屋和对整体性要求较高的其他建筑，对有管道穿过的房间、平面形状不规整的房间、尺度不符合模数要求的房间和防水要求较高的房间，都适合采用现浇钢筋混凝土楼板。

（一）平板式楼板

在墙体承重建筑中，当房间较小，楼面荷载可直接通过楼板传给墙体，而不需要另设梁，这种厚度一致的楼板称为平板式楼板，多用于厨房、卫生间、走廊等较小空间。楼板根据受力特点和支承情况，分为单向板和双向板。为满足施工要求和经济要求，对各种板式楼板的最小厚度和最大厚度，一般规定如下：

单向板时（板的长边与短边之比＞2）；

屋面板板厚60 ～ 80mm；

民用建筑楼板厚70 ～ 100mm；

工业建筑楼板厚80 ～ 180mm。

双向板时（板的长边与短边之比≤2）：板厚为80 ～ 160mm。

此外，板的支承长度也有具体规定：当板支承在砖石墙体上，其支承长度不小于120mm或板厚；当板支承在钢筋混凝土梁上时，其支承长度不小于60mm；当板支承在钢梁或钢屋架上时，其支承长度不小于50mm。单向板和双向板如图4-5所示。

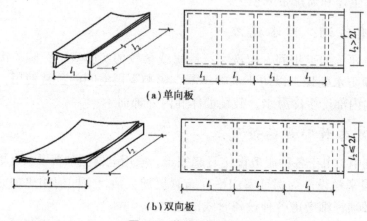

图 4-5　单向板和双向板

（二）肋梁楼板

肋梁楼板是最常见的楼板形式之一，当板为单向板时称为单向板肋梁楼板，当板为双向板时称为双向板肋梁楼板。

（1）单向板肋梁楼板。单向板肋梁楼板由板、次梁和主梁组成，如图4-6所示。其荷载传递路线为板—次梁—主梁—柱（或墙）。主梁的经济跨度为5 ～ 8m，主梁高为主梁跨度的1/14 ～ 1/8，主梁宽与高之比为1/3 ～ 1/2；次梁的经济跨度为4 ～ 6m，次梁高为次梁跨度的1/18 ～ 1/12，宽度为梁高的1/3 ～ 1/2，次梁跨度即为主梁间距；板的厚度同板式楼板，由于板的混凝土用量占整个肋梁楼板混凝土用量的50% ～ 70%，因此板宜取薄些，通常板跨不大于3m，其经济跨度为1.7 ～ 2.5m，单向板板厚。肋梁楼板主次梁的布置，不仅由房间大小、平面形式来决定，而且还应从采光效果来考虑。当次梁与窗口光线垂直时［图4-7（a）］，光线照射在次梁上使梁在顶棚上产生较多的阴影，影响亮度和采光均匀度。当次梁和光线平行时采光效果较好［图

4-7（b）]。

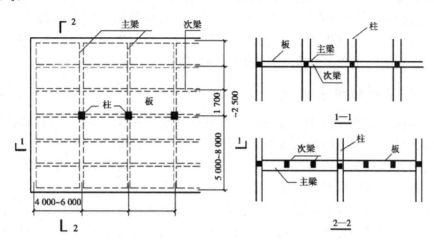

图4-6 单向板肋梁楼板

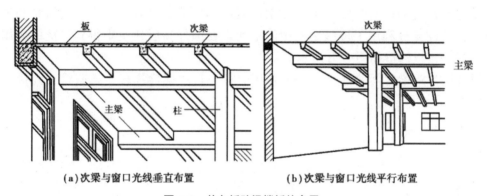

（a）次梁与窗口光线垂直布置　　（b）次梁与窗口光线平行布置

图4-7 单向板肋梁楼板的布置

（2）双向板肋梁楼板（井式楼板透视图）。双向板肋梁楼板常无主次梁之分，由板和梁组成，荷载传递路线为板—梁—柱（或墙）。

当双向板肋梁楼板的板跨相同，且两个方向的梁截面也相同时，就形成了井式楼板。井式楼板适用于长宽比不大于1.5的矩形平面，井式楼板中板的跨度为3.5～6m，梁的跨度可达20～30m，梁截面高度不小于梁跨的1/15，宽度为梁高的1/4～1/2，且不少于120mm。井式楼板可与墙体正交放置或斜交放置。由于井式楼板可以用于较大的无柱空间，而且楼板底部的井格整齐划一，很有规律，稍加处理就可形成艺术效果很好的顶棚，所以常用在门厅、大厅、会议室、餐厅、小型礼堂、歌舞厅等处；也有的将井式楼板中的板去掉，将井格设在中庭的顶棚上，采光和通风效果很好，也很美观。

（三）无梁楼板

无梁楼板为等厚的平板直接支承在柱上，分为有柱帽和无柱帽两种。当楼面荷载比较小时，可采用无柱帽楼板；当楼面荷载较大时，为提高楼板的承载能力、刚度和抗冲切能力，必须在柱顶加设柱帽。无梁楼板的柱可设计成方形、矩形、多边形和圆形；柱帽可根据室内空间要求和柱截面形式进行设计；板的最小厚度不小于150mm且不小于板跨的 1/35 ~ 1/32。无梁楼板的柱网一般布置为正方形或矩形，间跨一般不超过 6m。无梁楼板四周应设圈梁，梁高不小于 2.5 倍的板厚和 1/15 的板跨。

无梁楼板具有净空高度大，顶棚平整，采光通风及卫生条件均较好，施工简便等优点。适用于商店、书库、仓库等荷载较大的建筑。

（四）压型钢板组合楼板

压型钢板组合楼板是利用截面为凹凸相间的压型钢板作衬板，与现浇混凝土面层浇筑在一起支承在钢梁上的板，成为整体性很强的一种楼板。

钢衬板组合楼板主要由楼面层、组合板和钢梁三部分所构成，组合板包括现浇混凝土和钢衬板，此外可根据需要吊顶棚。

由于混凝土、钢衬板共同受力，即混凝土承受剪力与压力，钢衬板承受下部的压弯应力，因此，压型钢衬板起着模板和受拉钢筋的双重作用。这样组合楼板受正弯矩部分不需放置或绑扎受力钢筋，仅需部分构造钢筋即可。此外，还可利用压型钢板肋间的空隙敷设室内电力管线；也可在钢衬板底部焊接架设悬吊管道、通风管和吊顶棚的支柱，从而充分利用了楼板结构中的空间。在国外高层建筑中得到广泛的应用。压型钢板组合楼板构造如图 4-8 所示。

钢衬板与钢梁之间的连接，一般采用焊接、自攻螺栓连接、膨胀铆钉固接和压边咬接等方式。

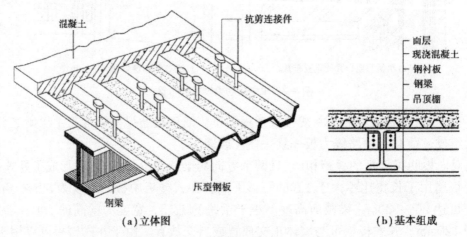

(a) 立体图　　　　　　　　　　　(b) 基本组成

图 4-8　压型钢板组合楼板

二、装配式钢筋混凝土楼板

装配式钢筋混凝土楼板指在构件预制加工厂或施工现场外预先制作，然后运到工地现场进行安装的钢筋混凝土楼板。预制板的长度一般与房屋的开间或进深一致，为 3m 的倍数；板的宽度根据制作，吊装和运输条件以及有利于板的排列组合确定，一般为 1m 的倍数；板的截面尺寸须经结构计算确定。

（一）板的类型

预制钢筋混凝土楼板有预应力和非预应力两种。预应力楼板是指在预制加工中，预先给其一个压应力，在安装受荷载以后，板所受到的拉应力和预先给的压应力平衡。预应力楼板的抗裂性和刚度均好于非预应力楼板，且板型规整，节约材料，自重减轻，造价降低。预应力楼板和非预应力楼板相比，可节约钢材 30% ～ 50%，节约混凝土 10% ～ 30%。

预制钢筋混凝土楼板常用类型有实心平板、槽形板、空心板。

1. 实心平板

实心平板规格较小，跨度一般在 1.5m 左右，板厚一般为 60mm，各地的规格不同，如中南地区标准图集中规定平板：板宽为 500，600，700mm 三种规格；板长为 1200，1500，1800，2100，2400mm 五种规格。平板支承长度：搁置在钢筋混凝土梁上时不小于 80mm，搁置在内墙时不小于 100mm，搁置在外墙时不小于 120mm。

预制实心平板由于其跨度小，板面上下平整，隔声差，常用于过道和小房间、卫生间的楼板，也可用于架空搁板、管沟盖板、阳台板、雨篷板等处。

2. 槽形板

槽形板是一种肋板结合的预制构件，即在实心板的两侧设有边肋，作用在板上的荷载都由边肋来承担，板宽为 500 ～ 1200mm，非预应力槽形板跨长通常为 3 ～ 6m。板肋高为 120 ～ 240mm，板厚仅 30mm。槽形板减轻了板的自重，具有省材料、便于在板上开洞等优点，但隔声效果差。

槽形板做楼板时，正置槽形板由于板底不平，通常做吊顶遮盖，为避免板端肋被压坏，可在板端伸入墙内部分堵砖填实。倒置槽板受力不如正置槽板合理，但可在槽内填充轻质材料，以解决楼板的隔声和保温隔热问题，还可以获得平整的顶棚。

槽形板的板面较薄，自重较轻，可以根据需要打洞穿管，而不影响板的强度和刚度，常用于管道较多的房间，如厨房、卫生间、库房等。

3. 空心板

空心板也是一种梁板结合的预制构件，其结构计算理论与槽形板相似，两者的材料消耗也相近，但空心板上下板面平整，且隔声效果优于槽形板，因此是目前广泛采用的一种形式。空心板根据板内抽孔形状的不同，分为方孔板、椭圆孔板和圆孔板，方孔板比较经济，但脱模困难；圆孔板的刚度较好，制作也方便，节省材料，隔热较好，因此广泛采用，但板面不能任意打洞。根据板的宽度，圆孔板的孔数有单孔、双孔、三孔、多孔。目前我国预应力空心板的跨度可达到 6，6.6，7.2m 等，板的厚度为 120 ～ 300mm。

（二）板的结构布置方式

板的结构布置方式应根据房间的平面尺寸及房间的使用要求进行结构布置，可采用墙承重系统和框架承重系统。

如图 4-9 所示，当预制板直接搁置在墙上时称为板式结构布置；当预制板搁置在梁上时称为梁板式结构布置。前者多用于横墙较密的住宅、宿舍、办公楼等建筑中，而后者多用于教学楼、实验楼等开间和进深都较大的建筑中。

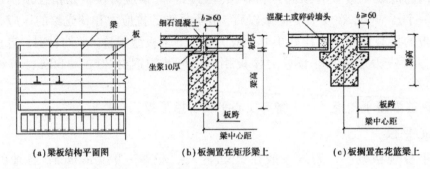

图 4-9 楼板在梁上的搁置（单位：mm）

在选择板型时，一般要求板的规格、类型越少越好。因为板的规格过多，不仅给板的制作增加困难，而且施工也较复杂，甚至容易搞错。此外，在空心板安装前，应在板端的圆孔内填塞 C15 混凝土短圆柱（即堵头）以避免板端被压坏。

（三）板的搁置要求

预制板直接搁置在墙上或梁上时，均应有足够的搁置长度。支承于梁上时其搁置长度应不小于 80mm；支承于内墙上时其搁置长度应不小于 100mm；支承于外墙上时其搁置长度应不小于 120mm。铺板前，先在墙或梁上用 10 ～ 20mm 厚 M5 水泥砂浆找平（即座浆），

然后再铺板，使板与墙或梁有较好的联结，同时也使墙体受力均匀。

当采用梁板式结构时，板在梁上的搁置方式一般有两种，一种是板直接搁置在梁顶上 [图 4-9（b）]；另一种是板搁置在花篮梁或十字梁上，这时，板的顶面与梁顶面平齐。在梁高不变的情况下，梁底净高相应也增加了一个板厚 [图 4-9（c）]。

（四）板缝处理

为了便于板的安装，板的标志尺寸和构造尺寸之间有 10 ～ 20mm 的差值，这样就形成了板缝，为了加强其整体性，必须在板缝中填入水泥砂浆或细石混凝土（即灌缝）。图 4-10 所示为三种常见的板间侧缝形式：V 形缝具有制作简单的优点，但易开裂，连接不够牢固；U 形缝上面开口较大，易于灌浆，但仍不够牢固；凹槽缝联结牢固，但灌浆捣实较困难。

（a）V 形缝　　　　　　　　（b）U 形缝　　　　　　　　（c）凹槽缝

图 4-10 侧缝接缝形式

预制板板缝起着连接相邻两块板协同工作的作用，使楼板成为一个整体。在具体布置房间的楼板时，往往出现不足以排一块板的缝隙。如图 4-11 所示，当缝隙小于 60mm 时，可调节板缝；当缝隙在 60 ～ 120mm 时，可在灌缝的混凝土中加配 2φ6 通

长钢筋；当缝隙在 120 ~ 200mm 时，设现浇钢筋混凝土板带，且将板带设在墙边或有穿管的部位；当缝隙大于 200mm 时，调整板的规格。

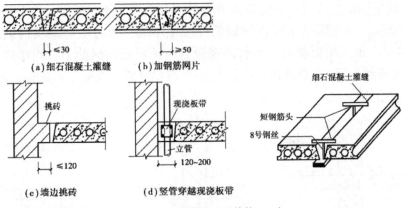

图 4-11　板缝的处理（单位：mm）

板的端缝处理，一般只需将板缝内填实细石混凝土，使之相互连接。为了增强建筑物抗水平力的能力，可将板端外露的钢筋交错搭接在一起，然后浇筑细石混凝土灌缝，以增强板的整体性和抗震能力。

（五）装配式钢筋混凝土楼板的抗震构造

圈梁应紧贴预制楼板板底设置，外墙则应设缺口圈梁（L形梁），将预制板箍在圈梁内。当板的跨度大于 4.8m，并与外墙平行时，靠外墙的预制板边应设拉结筋与圈梁拉接如图 4-12 所示。

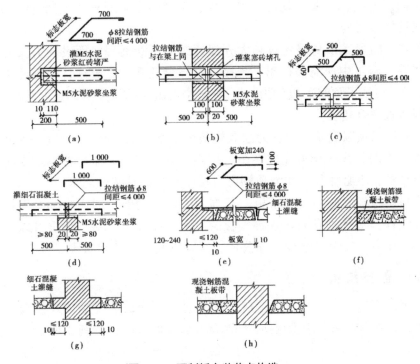

图 4-12　预制板安装节点构造

（六）楼板与隔墙

当房间内设有重质块材隔墙和砌筑隔墙，且重量由楼板承受时，必须从结构上予以考虑。在确定隔墙位置时，不宜将隔墙直接搁置在楼板上，而应采取一些构造措施，如图4-13所示。如在隔墙下部设置钢筋混凝土小梁，通过梁将隔墙荷载传给墙体；当楼板结构层为预制槽形板时，可将隔墙设置在槽形板的纵肋上；当楼板结构层为空心板时，可将板缝拉开，在板缝内配置钢筋后浇筑C20细石混凝土形成钢筋混凝土小梁，再在其上设置隔墙。

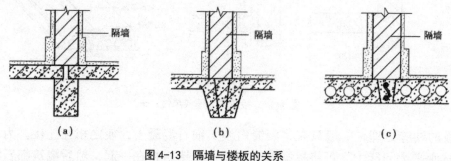

图4-13　隔墙与楼板的关系

三、装配整体式钢筋混凝土楼板

（一）密肋楼板

装配整体式楼板，是在楼板中预制部分构件，然后在现场安装，再以整体浇筑的办法连接而成的楼板；或在现浇（也可预制）密肋小梁间安放预制空心砌块并现浇面板而制成的楼板结构。

近年来，随着城市高层建筑和大开间建筑的不断涌现，而设计上又要求加强建筑物的整体性，施工中现浇楼板越来越多，这样会耗费大量模板，很不经济。为解决这一矛盾，于是出现了预制薄板（预应力）与现浇混凝土面层叠合而成的装配整体式楼板，又称预制薄板叠合楼板。

这种楼板以预制混凝土薄板为永久模板而承受施工荷载，板面现浇混凝土叠合层，所有楼板层中的管线等均事先埋在叠合层内，现浇层内只需配置少量支座负筋。预制薄板底面平整，不必抹灰，作为顶棚可直接喷浆或粘贴装饰墙纸。

由于预制薄板具有结构、模板、装饰三方面的功能，因而叠合楼板具有良好的整体性和连续性，对结构有利。这种楼板跨度大、厚度小，结构自重可以减轻。目前已广泛应用于住宅、宾馆、学校、办公楼、医院以及仓库等建筑中。

（二）叠合楼板

预制薄板（预应力）与现浇混凝土面层叠合而成的装配整体式楼板，又称预制薄板叠合楼板。这种楼板以预制混凝土薄板为永久模板而承受施工荷载，板面现浇混凝土叠合层。

叠合楼板跨度一般为4~6m，最大可达9m，通常以5.4m以内较为经济。预应力薄板厚 50 ~ 70mm，板宽 1.1 ~ 1.8m。为了保证预制薄板与叠合层有较好的连接，薄板上表面需做处理，常见的有两种：一是在上表面作刻槽处理，刻槽直径 50mm，深 20mm，间距 150mm；另一种是在薄板表面露出较规则的三角形的结合钢筋。

现浇叠合层的混凝土强度为 C20 级，厚度一般为 100 ~ 120mm。叠合楼板的总厚度取决于板的跨度，一般为 150 ~ 250mm。楼板厚度以大于或等于薄板厚度的两倍为宜。

第三节　顶棚构造

顶棚又称平顶或天花板，是楼板层的最下面部分，是建筑物室内主要饰面之一。作为顶棚要求表面光洁、美观、能反射光线、改善室内照度以提高室内装饰效果；对某些有特殊要求的房间，还要求顶棚具有隔声吸音或反射声音、保温、隔热、管道敷设等等功能。

一般顶棚多为水平式，但根据房间用途的不同，可做成弧形、折线形等各种形状。顶棚的构造形式有两种，直接式顶棚和悬吊式顶棚。设计时应根据建筑物的使用功能、装修标准和经济条件来选择适宜的顶棚形式。

一、直接式顶棚

直接式顶棚是指直接在钢筋混凝土屋面板或楼板下表面直接喷浆、抹灰或粘贴装修材料的一种构造方法。当板底平整时，可直接喷、刷大白浆或 106 涂料；当楼板结构层为钢筋混凝土预制板时，可用 1 ：3 水泥砂浆填缝刮平，再喷刷涂料。这类顶棚构造简单，施工方便，具体做法和构造与内墙面的抹灰类、涂刷类、裱糊类基本相同，常用于装饰要求不高的一般建筑，如办公室、住宅、教学楼等。

此外，有的是将屋盖结构暴露在外，不另做顶棚，称为结构顶棚。例如网架结构，构成网架的杆件本身很有规律，有结构自身的艺术表现力，能获得优美的韵律感。又如拱结构屋盖，结构自身具有优美曲面，可以形成富有韵律的拱面顶棚。结构顶棚的装饰重点，在于巧妙地组合照明、通风、防火、吸声等设备，以显示出顶棚与结构韵律的和谐，形成统一的、优美的空间景观。结构顶棚广泛用于体育建筑及展览大厅等公共建筑。

二、悬吊式顶棚

悬吊式顶棚又称吊顶，它离开屋顶或楼板的下表面有一定的距离，通过悬挂物与主体结构联结在一起。这类顶棚类型较多，构造复杂。

（一）吊顶的类型

根据结构构造形式的不同，吊顶可分为整体式吊顶、活动式装配吊顶、隐蔽式装配吊顶和开敞式吊顶等。

根据材料的不同，吊顶可分为板材吊顶、轻钢龙骨吊顶、金属吊顶等。

（二）吊顶的构造组成

吊顶一般由龙骨与面层两部分组成。

1. 吊顶龙骨

吊顶龙骨分为主龙骨与次龙骨。主龙骨为吊顶的承重结构，次龙骨则是吊顶的基层。主龙骨通过吊筋或吊件固定在屋顶（或楼板）结构上，次龙骨用同样的方法固定在主龙骨上，如图4-14所示。龙骨可用木材、轻钢、铝合金等材料制作，其断面大小视其材料品种、是否上人（吊顶承受人的荷载）和面层构造做法等因素而定。主龙骨断面比次龙骨大，间距约为2m。悬吊主龙骨的吊筋为φ8～φ10钢筋，间距不超过2m。次龙骨间距视面层材料而定，间距一般不超过600mm。

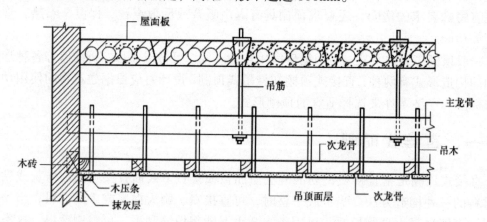

图4-14　吊顶构造组成

2. 吊顶面层

吊顶面层分为抹灰面层和板材面层两大类。抹灰面层为湿作业施工，费工费时，从发展眼光看，趋向采用板材面层，既可加快施工速度，又容易保证施工质量。板材吊顶有植物板材、矿物板材和金属板材等。

（三）抹灰吊顶构造

抹灰吊顶的龙骨可用木或型钢。当采用木龙骨时，主龙骨断面宽为60～80mm，高为120～150mm，中距约1m。次龙骨断面一般为40mm×60mm，中距400～500mm，并用吊木固定于主龙骨上。当采用型钢龙骨时，主龙骨选用槽钢，次龙骨为角钢（20mm×20mm×3mm），间距同上。

抹灰面层有以下几种做法：板条抹灰、板条钢板网抹灰、钢板网抹灰。板条抹灰一般采用木龙骨，这种顶棚是传统做法，构造简单，造价低，但抹灰层由于干缩或结构变形的影响，很容易脱落，且不防火，故通常用于装修要求较低的建筑。

板条钢板网抹灰顶棚的做法是在前一种顶棚的基础上加钉一层钢板网，以防止抹灰层的开裂脱落。这种做法适用于装修质量较高的建筑。

钢板网抹灰吊顶一般采用钢龙骨，钢板网固定在钢筋上。这种做法未使用木材，可以提高顶棚的防火性、耐久性和抗裂性，多用于公共建筑的大厅顶棚和防火要求较高的建筑。

（四）矿物板材吊顶构造

矿物板材吊顶常用石膏板、石棉水泥板、矿棉板等板材作面层，轻钢或铝合金型材作龙骨。这类吊顶的优点是自重轻、施工安装快、无湿作业、耐火性能优于植物板材吊顶和抹灰吊顶，故在公共建筑或高级工程中应用较广。

轻钢和铝合金龙骨的布置方式有两种：

1. 龙骨外露的布置方式

这种布置方式的主龙骨采用槽形断面的轻钢型材，次龙骨为T形断面的铝合金型材。次龙骨双向布置，矿物板材置于次龙骨翼缘上，次龙骨露在顶棚表面成方格形，方格大小500mm左右，如图4-15（a）所示。悬吊主龙骨的吊挂件为槽形断面，吊挂点间距为0.9～1.2m，最大不超过1.5m。次龙骨与主龙骨的连接采用U形连接吊钩，图4-15（b）所示是它们之间的连接关系。

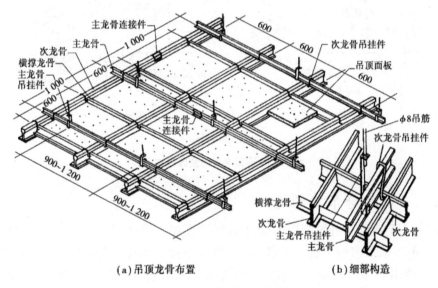

（a）吊顶龙骨布置　　　　（b）细部构造

图4-15　龙骨外露的吊顶

2. 不露龙骨的金属板材吊顶

这种布置方式的主龙骨仍采用槽形断面的轻钢型材，但次龙骨采用U形断面轻钢型材，用专门的吊挂件将次龙骨固定在主龙骨上，面板用自攻螺钉固定于次龙骨上。图4-16（a）为主次龙骨的布置示意图，图4-16（b）所示为主次龙骨及面板的连接节点构造图。

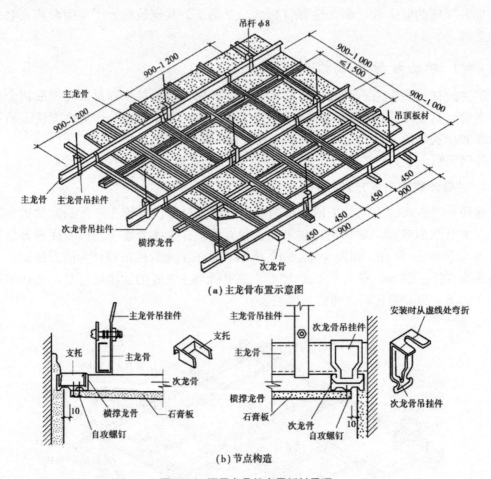

（a）主龙骨布置示意图

（b）节点构造

图4-16　不露龙骨的金属板材吊顶

（五）金属板材吊顶构造

金属板材吊顶最常用的是以铝合金条板作面层，龙骨采用轻钢型材，当吊顶无吸音要求时，条板采取密铺方式，不留间隙；当有吸音要求时，条板上面需加铺吸音材料，条板之间应留出一定的间隙，以便投射到顶棚的声音能从间隙处被吸音材料所吸收。

第四节　地坪层与地面构造

一、地坪层构造

地坪层指建筑物底层房间与土层的交接处。所起作用是承受地坪上的荷载，并均匀地传给地坪以下土层。按地坪层与土层间的关系不同，可分为实铺地层和空铺地层两类。

（一）实铺地层

地坪的基本组成部分有面层、垫层和基层，对有特殊要求的地坪，常在面层和垫层之间增设一些附加层，如图4-17所示。

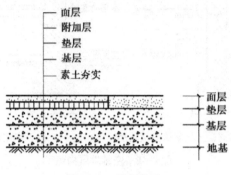

图4-17 地坪构造

1. 面层

地坪的面层又称地面，和楼面一样，是直接承受人、家具、设备等各种物理和化学作用的表面层，起着保护结构层和美化室内的作用。地面的做法和楼面相同。

2. 垫层

垫层是基层和面层之间的填充层，其作用是找平和承重传力，一般采用60～100mm厚的C10混凝土垫层。垫层材料分为刚性和柔性两大类；刚性垫层如混凝土、碎砖三合土等，有足够的整体刚度，受力后不产生塑性变形，多用于整体地面和小块块料地面。柔性垫层如砂、碎石、炉渣等松散材料，无整体刚度，受力后产生塑性变形，多用于块料地面。

3. 基层

基层即地基，一般为原土层或填土分层夯实。当上部荷载较大时，增设2∶8灰土100～150mm厚，或碎砖、道渣三合土100～150mm厚。

4. 附加层

附加层主要应满足某些有特殊使用要求而设置的一些构造层次，如防水层、防潮层、保温层、隔热层、隔声层和管道敷设层等。

（二）空铺地层

为防止房屋底层房间受潮或满足某些特殊使用要求（如舞台、体育训练、比赛场、幼儿园等的地层需要有较好的弹性）将地层架空形成空铺地层。其构造作法是在夯实土或混凝土垫层上砌筑地垄墙或砖墩上架梁，在地垄墙或梁上铺设钢筋混凝土预制板。若做木地层就在地垄墙或梁设垫木、钉木龙骨再铺木地板，这样利用地层与土层之间的空间进行通风，便可带走地潮，如图4-18所示。

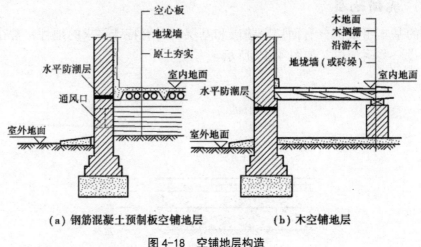

(a) 钢筋混凝土预制板空铺地层　　　(b) 木空铺地层

图 4-18　空铺地层构造

二、地面设计要求

地面是人们日常生活、工作和生产直接接触的部分，也是建筑中直接承受荷载，经常受到摩擦、清扫和冲洗的部分。设计地面应满足下列要求：

1. 具有足够的坚固性

家具设备等作用下不易被磨损和破坏，且表面平整、光洁、易清洁和不起灰。

2. 保温性能好

要求地面材料的导热系数小，给人以温暖舒适的感觉，冬季走在上面不致感到寒冷。

3. 具有一定的弹性

当人们行走时不致有过硬的感觉，同时，有弹性的地面对防撞击声有利。

4. 满足某些特殊要求

对有水作用的房间，地面应防水防潮；对有火灾隐患的房间，地面应防火耐燃烧；对有化学物质作用的房间，地面应耐腐蚀；对有仪器和药品的房间，地面应无毒、易清洁；对经常有油污染的房间，地面应防油渗且易清扫等。此外，还要求地面装饰效果好，而且经济。

综上所述，即在进行地面设计或施工时，应根据房间的使用功能和装修标准，选择适宜的面层和附加层。

三、地面的类型

地面的名称是依据面层所用材料来命名的。按面层所用材料和施工方式不同，常见地面做法可分为以下几类：

（1）整体地面：有水泥砂浆地面、细石混凝土地面、水泥石屑地面、水磨石地面等。

（2）块材地面：有砖铺地面、水泥地砖等面砖地面、缸砖及陶瓷锦砖地面等。

（3）塑料地面：有聚氯乙烯塑料地面、涂料地面。

（4）木地面：常采用条木地面和拼花木地面。

四、地面构造

（一）整体地面

1. 水泥砂浆地面

水泥砂浆地面构造简单，坚固、耐磨、防水，造价低廉，但导热系数大，冬天感觉阴冷，吸水性差，易结露，易起灰，不易清洁，是一种广为采用的低档地面或需要进行二次装修的商品房的地面，水泥砂浆地面是在混凝土垫层或结构层上抹水泥砂浆，通常有单层和双层两种做法，如图4-19所示。单层做法只抹一层20～25mm厚1：2或1：2.5水泥砂浆；双层做法是增加一层10～20mm厚1：3水泥砂浆找平，表面再抹5～10mm厚1：2水泥砂浆抹平压光，虽增加了工序，但不易开裂。

2. 水泥石屑地面

将水泥砂浆里的中粗砂换成3～6mm的石屑，又称豆石或瓜米石地面。在垫层或结构层上直接做1：2水泥石屑25mm厚，水灰比不大于0.4，刮平拍实，碾压多遍，出浆后抹光。

这种地面表面光洁，不起尘，易清洁，造价是水磨石地面的50%，但强度高，性能近似水磨石。

防滑水泥地面是将砂浆面层做成瓦垄状、齿槽状，彩色水泥地面是在砂浆面层内掺一定量的氧化铁红或其他颜料。

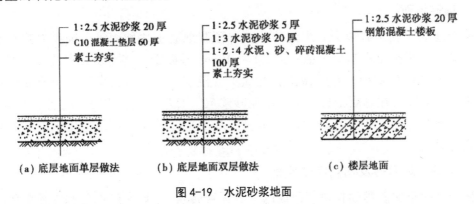

（a）底层地面单层做法　（b）底层地面双层做法　（c）楼层地面

图4-19　水泥砂浆地面

3. 水磨石地面

水磨石地面是将天然石料（大理石、方解石）的石碴做成水泥石屑面层，经磨光打蜡制成。质地美观，表面光洁，不起尘，易清洁，具有很好的耐磨性、耐久性，耐油耐碱、防火防水，通常用于公共建筑门厅、走道、主要房间地面、墙裙，住宅的浴室、厨房、厕所等处。如图4-20所示，水磨石地面为分层构造，底层为1：3水泥砂浆18mm厚找平，面层为（1：1.5）～（1：2）水泥石碴12mm厚，石碴粒径为8～10mm。

施工中先将找平层做好，在找平层上按设计为1m×1m方格的图案嵌固玻璃塑料分格条（或铜条、铝条），分格条一般高10mm，用1∶1水泥砂浆固定，将拌和好的水泥石屑铺入压实，经浇水养护后磨光，一般需粗磨、中磨、精磨，用草酸水溶液洗净，最后打蜡抛光。普通水磨石地面采用普通水泥掺白石子，玻璃条分格；美术水磨石可用白水泥加各种颜料和各色石子，用铜条分格，可形成各种优美的图案，但造价比普通水磨石约高4倍。还可以将破碎的大理石块铺入面层，不分格，缝隙处填补水泥石碴，磨光后即成冰裂水磨石。

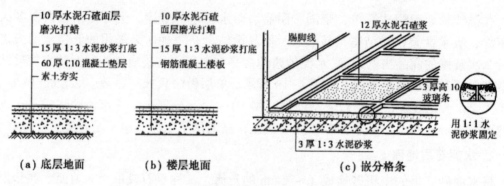

图4-20　水磨石地面

（二）块材类地面

此类地面是利用各种人造的和天然的预制块材、板材镶铺在基层上面。常用块材有陶瓷地砖、马赛克、水泥花砖、大理石板、花岗石板等，常用铺砌或胶结材料起胶结和找平作用，有水泥砂浆、油膏、细砂、细炉渣等做结合层。

1. 铺砖地面

铺砖地面有黏土砖地面、水泥砖地面、预制混凝土块地面等。铺设方式有两种：干铺和湿铺。干铺是在基层上铺一层20～40mm厚砂子，将砖块等直接铺设在砂上，板块间用砂或砂浆填缝，这种做法施工简单，便于维修，造价低廉，但牢固性较差，不易平整。湿铺是在基层上铺1∶3水泥砂浆12～20mm厚，用1∶1水泥砂浆灌缝，这种做法坚实平整，但施工较复杂，造价略高于平铺砖块地面，适用于要求不高或庭园小道等处。

2. 缸砖、地面砖及陶瓷锦砖地面

缸砖是陶土加矿物颜料烧制而成的一种无釉砖块，主要有红棕色和深米黄色两种。缸砖质地细密坚硬，强度较高，耐磨、耐水、耐油、耐酸碱，易于清洁不起灰，施工简单，因此广泛应用于卫生间、盥洗室、浴室、厨房、实验室及有腐蚀性液体的房间地面。做法为：20mm厚1∶3水泥砂浆找平，3～4mm厚水泥胶（水泥∶107胶∶水=1∶0.1∶0.2）粘贴缸砖，用素水泥浆擦缝，如图4-21（a）所示。

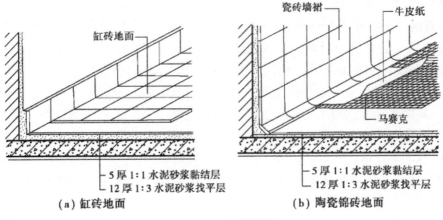

图 4-21 预制块材地面

    地面砖的各项性能都优于缸砖，且色彩图案丰富，装饰效果好，造价也较高，多用于装修标准较高的建筑物地面，构造做法类同缸砖。

    陶瓷锦砖质地坚硬，经久耐用，色泽多样，耐磨、防水、耐腐蚀、易清洁，适用于有水、有腐蚀的地面。做法为：15 ~ 20mm 厚 1 : 3 水泥砂浆找平，3 ~ 4mm 厚水泥胶粘贴陶瓷锦砖（纸胎），用滚筒压平，使水泥胶挤入缝隙，用水洗去牛皮纸，用白水泥浆擦缝，如图 4-21（b）所示。

3. 天然石板地面

    常用的天然石板指大理石和花岗石板，由于它们质地坚硬，色泽丰富艳丽，属高档地面装饰材料，特别是磨光花岗石板，色泽花纹丝毫不亚于大理石板，耐磨耐腐蚀等性能均优于大理石；但造价昂贵，一般多用于高级宾馆、会堂、公共建筑的大厅、门厅等处。做法是在基层上刷素水泥浆一道，30mm 厚 1 : 3 干硬性水泥砂浆找平，面上撒 2mm 厚素水泥（洒适量清水），粘贴 20mm 厚大理石板（花岗石板），素水泥浆擦缝，如图 4-22 所示。粗琢面的花岗石板可用在纪念性建筑、公共建筑的室外台阶、踏步等，既耐磨又防滑。

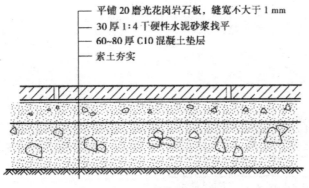

图 4-22 花岗石地面

（三）木地面

木地板的主要特点是有弹性、不起灰、不返潮、易清洁、保温性好，常用于高级住宅、宾馆、体育馆、健身房、剧院舞台等建筑中。木地面按其用材规格分为普通木地面、硬木条地面和拼花木地面三种。按构造方式有空铺、实铺和粘贴三种。

（1）空铺木地面常用于底层地面，由于占用空间多，费材料，因而采用较少。

（2）实铺木地面是将木地板直接钉在钢筋混凝土基层上的木搁栅上，而木搁栅绑扎后预埋在钢筋混凝土楼板内的10号双股镀锌铁丝上，或用V形铁件嵌固，木搁栅为50mm×60mm方木，中距400mm，40mm×50mm横撑，中距1000mm与木搁栅钉牢。为了防腐，可在基层上刷冷底子油和热沥青，搁栅及地板背面满涂防腐油或煤焦油，如图4-23所示。

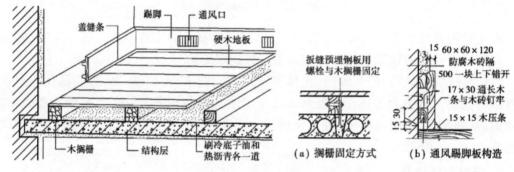

图4-23 实铺木地板

（3）粘贴木地面的做法是先在钢筋混凝土基层上采用沥青砂浆找平，然后刷冷底子油一道，热沥青一道，用2mm厚沥青胶环氧树脂乳胶等随涂随铺贴20mm厚硬木长条地板，如图4-24（a）所示。

当面层为小席纹拼花木地板时，可直接用黏结剂涂刷在水泥砂浆找平层上进行粘贴。粘贴式木地面既省空间又省去木搁栅，较其他构造方式经济，但木地板容易受潮起翘，干燥时又易裂缝，因此施工时一定要保证粘贴质量，如图4-24（b）所示。

木地板做好后应采用油漆打蜡来保护地面。普通木地板做色漆地面，硬木条地板做清漆地面。做法是用腻子将拼缝、凹坑填实刮平，待腻子干后用1号木砂纸打磨平滑，清除灰屑，然后刷2~3遍色漆或清漆，最后打蜡上光。

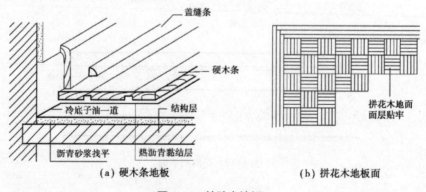

图4-24 粘贴木地板

（四）塑料地面

常用的塑料地毡为聚氯乙烯塑料地毡和聚氯乙烯石棉地板。

聚氯乙烯塑料地毡（又称地板胶），是软质卷材，目前市面上出售的地毡宽度多为2m左右，厚度1～2mm，可直接干铺在地面上，也可用聚氨酯等黏合剂粘贴，如图4-25所示。

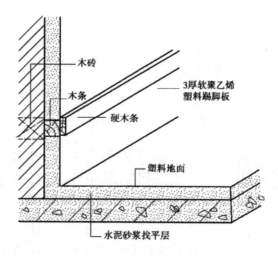

图4-25 塑料地毡地面

聚氯乙烯石棉地板是在聚氯乙烯树脂中掺入60%～80%的石棉绒和碳酸钙填料。由于树脂少，填料多，所以质地较硬，常做成300mm×300mm的小块地板，用黏结剂拼花对缝粘贴。

塑料地面具有步感舒适、柔软而富有弹性、轻质、耐磨、防水、防潮、耐腐蚀、绝缘、隔声、阻燃、易清洁、施工方便等特点，且色泽明亮、图案多样，多用于住宅及公共建筑，以及工业厂房中要求较高清洁环境的房间；缺点是不耐高温、怕明火、易老化。

（五）涂料地面

涂料地面常用涂料有过氯乙烯溶液涂料、苯乙烯焦油涂料、聚乙烯醇缩丁醛涂料等，这些涂料地面施工方便，造价较低，耐磨性好，耐腐蚀、耐水防潮，整体性好，易清洁，不起灰，弥补了水泥砂浆和混凝土地面的缺陷，可以提高水泥地面的耐磨性、柔韧性和不透水性。但由于是溶剂型涂料，在施工中会逸散出有害气体污染环境，同时涂层较薄，磨损较快。

第五节　阳台与雨篷

阳台和雨篷都属于建筑物上的悬挑构件。

阳台悬挑于建筑物每一层的外墙上，是连接室内的室外平台，给居住在多（高）层建筑里的人们提供一个舒适的室外活动空间，让人们足不出户，就能享受到大自然的新鲜空气和明媚阳光，还可以起到观景、纳凉、晒衣、养花等多种作用，改变单元式住宅给人们造成的封闭感和压抑感，是多层住宅、高层住宅和旅馆等建筑中不可缺少的一部分。

雨篷位于建筑物出入口的上方，用来遮挡雨雪，保护外门免受侵蚀，给人们提供一个从室外到室内的过渡空间，并起到保护门和丰富建筑立面的作用。

一、阳台

(一) 阳台的类型和设计要求

阳台按其与外墙面的关系分为挑阳台、凹阳台、半挑半凹阳台；按其在建筑中所处的位置可分为中间阳台和转角阳台，如图 4-26 所示。

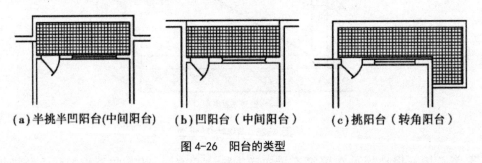

(a)半挑半凹阳台(中间阳台)　　(b)凹阳台（中间阳台）　　(c)挑阳台（转角阳台）

图 4-26　阳台的类型

阳台按使用功能不同又可分为生活阳台(靠近卧室或客厅)和服务阳台(靠近厨房)，由承重梁、板和栏杆组成。设计时应满足下列要求：

1. 安全适用

悬挑阳台的挑出长度不宜过大，应保证在荷载作用下不发生倾覆现象，以 1 ~ 1.5m 为宜，过小不便使用，过大增加结构自重。低层、多层住宅阳台栏杆净高不低于1.05m，中高层住宅阳台栏杆净高不低于1.1m，但也不大于1.2m。阳台栏杆形式应防坠落（垂直栏杆间净距不应大于110mm）、防攀爬（不设水平栏杆），以免造成恶果。放置花盆处，也应采取防坠落措施。

2. 坚固耐久

阳台所用材料和构造措施应经久耐用，承重结构宜采用钢筋混凝土，金属构件应做防锈处理，表面装修应注意色彩的耐久性和抗污染性。

3. 排水顺畅

为防止阳台上的雨水流入室内，设计时要求将阳台地面标高低于室内地面标高60mm 左右，并将地面抹出 5‰的排水坡将水导入排水孔，使雨水能顺利排出。

阳台的设计还应考虑地区气候特点。南方地区宜采用有助于空气流通的空透式栏杆，而北方寒冷地区和中高层住宅应采用实体栏杆，并满足立面美观的要求，为建筑物的形象增添风采。

（二）阳台的承重构件

阳台承重构件的形式有搁板式、挑板式、挑梁式、压梁式，如图 4-27 所示。

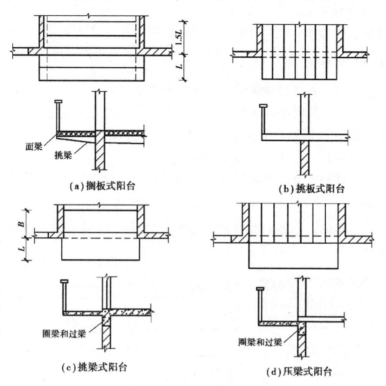

（a）搁板式阳台　　　　　　　（b）挑板式阳台

（c）挑梁式阳台　　　　　　　（d）压梁式阳台

图 4-27　阳台结构布置方式

1. 搁板式阳台

搁板式承重适用于凹阳台，将阳台板支撑于两侧突出的墙上，阳台板可现浇也可预制，一般与楼板施工方法一致。

2. 挑板式阳台

现浇板外挑做阳台板。阳台板与房间内的现浇板或现浇板带整浇到一起，楼板重量构成阳台板的抗倾覆力矩。现浇板带宽度：屋面现浇板带宽 ≥ 2.0L，楼面现浇板带宽 ≥ 1.5L。传力途径：荷载→阳台板→墙体。阳台板无法与楼板整浇到一起，增加过梁长度。过梁、过梁上墙体、过梁上楼板重量构成阳台板压重。在过梁两边墙体上设卧梁（拖梁），卧梁与过梁整浇到一起，提高阳台板稳定性。

3. 挑梁式阳台

挑梁式阳台由横墙或纵墙向外做挑梁，阳台板支撑在挑梁上。传力途径：荷载→阳台板→挑梁→墙体。挑梁伸入墙体长度：屋面处挑梁伸入墙体 ≥ 2.0L，楼面处挑梁伸入墙体 ≥ 1.5L。梁根部截面：h=（1/6 ~ 1/5）L，b=（1/3 ~ 1/2）L。为遮挡梁头，在挑梁端部做面梁。挑梁可以变截面也可不变截面。

特点：结构布置简单，传力明确，可形成通长阳台。

4. 压梁式阳台

压梁类似于圈梁，设置于隔墙中，常用于墙体高度超过 4000mm 且存在门窗洞口时的做法。压梁钢筋需锚入剪力墙或柱 ≥ 35d。压梁与过梁的区别在于压梁为通长，且两端钢筋须锚入剪力墙或柱 ≥ 35d，过梁则只须锚入砖墙 ≥ 240（250）mm 即可。

（三）栏杆和栏板

栏杆和栏板是阳台外围设置的竖向的围护构件。

作用：承受人们倚扶时的侧向推力，同时对整个房屋有一定装饰作用。

栏杆高度：栏杆和栏板的高度应大于人体重心高度，一般不小于 1.05m。高层建筑的栏杆和栏板应加高，但不宜超过 1.2m。

栏杆和栏板按材料可分为金属栏杆、钢筋混凝土栏板与栏杆、砌体栏板。

1. 阳台栏杆

栏杆的形式有实体、空花和混合式，如图 4-28 所示。按材料不同可分为砖砌、钢筋混凝土和金属栏杆。

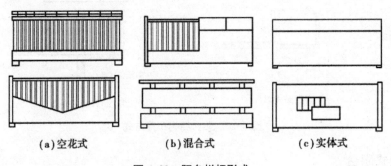

(a)空花式   (b)混合式   (c)实体式

图 4-28   阳台栏杆形式

砖砌栏板一般为 120mm 厚，在挑梁端部浇 120mm×120mm 钢筋混凝土小立柱，并从中间向两边伸出 2Φ6，500mm 的拉接筋 300mm 长与砖砌栏板拉接以保证其牢固性，如图 4-29（a）所示。

钢筋混凝土栏板分为现浇和预制两种。现浇栏板厚 60 ~ 80mm，用 C20 细石混凝土现浇，如图 4-29（b）所示。预制栏杆有实体和空心两种，实体栏杆厚为 40mm，空心栏杆厚度为 60mm，下端预埋铁件，上端伸出钢筋可与面梁和扶手连接，如图 4-29（c）所示，应用较为广泛。

金属栏杆一般采用 18mm×18mm 方钢、Φ18 圆钢、40mm×4mm 扁钢等焊接成各种形式的漏花，如图 4-29（d）所示。

金属栏杆可由不锈钢钢管、铸铁花饰（铁艺）、方钢和扁钢等钢材制作。方钢的截面为 20mm×20mm，扁钢的截面为 4mm×50mm。

金属栏杆与阳台板的连接有两种方法：

（1）在阳台板上预留孔槽，将栏杆立柱插入，用细石混凝土浇灌。

（2）在阳台板上预埋钢板或钢筋，将栏杆与钢筋焊接。

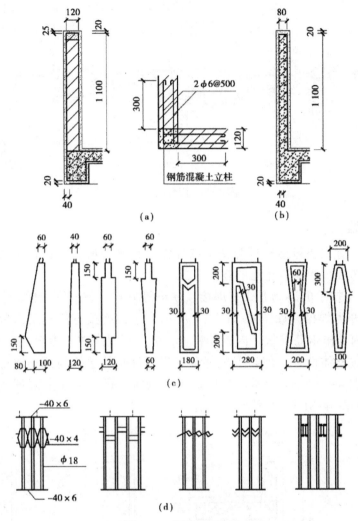

图 4-29　阳台栏杆构造

2. 栏杆扶手

栏杆扶手有金属和钢筋混凝土两种。

金属扶手一般为 DN50 钢管与金属栏杆焊接。

钢筋混凝土扶手用途广泛，形式多样，有不带花台、带花台、带花池等。不带花台栏杆扶手直接用作栏杆压顶，宽度有 80，120，160mm；带花台的栏杆扶手，在外侧设保护栏杆，一般高 180 ~ 200mm，花台净高 240mm；花池一般设在栏杆中部，也可以设在底部与上部，用 C20 细石混凝土预制后安装，也可现浇，但是施工较复杂，花池内部净宽和净高均不小于 240mm，壁厚为 40 ~ 60mm，在池底设 Dg32 泄水管，如图 4-30 所示。

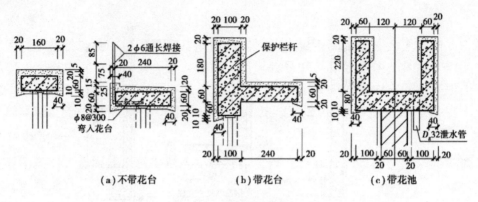

(a)不带花台　　　　　　(b)带花台　　　　　　(c)带花池

图 4-30　阳台扶手构造

3. 细部构造

阳台细部构造主要包括栏杆与扶手的连接、栏杆与面梁（或称止水带）的连接、栏杆与墙体的连接、栏杆与花池的连接等。

（1）栏杆与扶手的连接方式有焊接、现浇等方式。在扶手和栏杆上预埋铁件，安装时焊在一起即为焊接，如图 4-31（a）所示。这种连接方法施工简单，坚固安全。从栏杆或栏板内伸出钢筋与扶手内钢筋相连，再支模现浇扶手为现浇，如图 4-31（b）所示。这种做法整体性好，但施工较复杂。当栏杆与扶手均为钢筋混凝土时，适于现浇的方法，如图 4-31（c）所示。当栏板为砖砌时，可直接在上部现浇混凝土扶手、花台或花池，如图 4-31（d）所示。

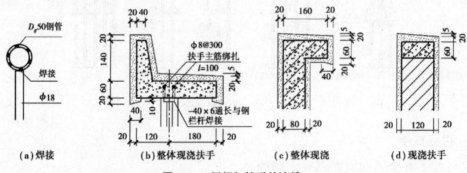

(a)焊接　　　(b)整体现浇扶手　　　(c)整体现浇　　　(d)现浇扶手

图 4-31　栏杆与扶手的连接

（2）栏杆与面梁或阳台板的连接方式有焊接、榫接坐浆、现浇等，如图 4-32 所示。当阳台为现浇板时必须在板边现浇 100mm 高混凝土挡水带，当阳台板为预制板时，其面梁顶应高出阳台板面 100mm，以防积水顺板边流淌，污染表面。金属栏杆可直接与面梁上预埋件焊接；现浇钢筋混凝土栏板可直接从面梁内伸出锚固筋，然后扎筋、支模、现浇细石混凝土；砖砌栏板可直接砌筑在面梁上。预制的钢筋混凝土栏杆可与面梁中预埋件焊接，也可预留插筋插入预留孔内，然后用水泥砂浆填实固牢。

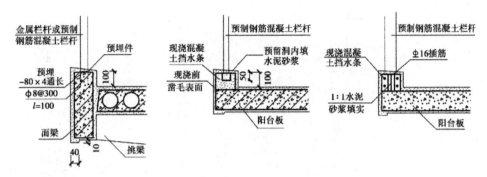

图 4-32 栏杆与面梁及阳台板的连接

（3）扶手与墙的连接，应将扶手或扶手中的钢筋伸入外墙的预留洞中，用细石混凝土或水泥砂浆填实固牢；现浇钢筋混凝土栏杆与墙连接时，应在墙体内预埋 240mm×240mm×120mm C20 细石混凝土块，从中伸出 2Φ6，长 300mm，与扶手中的钢筋绑扎后再进行现浇，如图 4-33 所示。

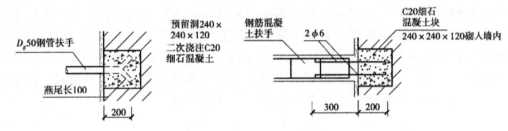

图 4-33 扶手与墙体的连接

（4）花池与栏杆的连接有现浇和插筋两种。当花池较小，可先预制，在与栏板交接且在花池两端设 120mm×120mm 钢筋混凝土立柱，立柱内伸出拉结筋与池壁相连，且深入侧壁不小于 200mm。

4. 阳台隔板

阳台隔板用于连接双阳台，有砖砌和钢筋混凝土隔板两种。砖砌隔板一般采用 60mm 和 120mm 厚两种，由于荷载较大且整体性较差，所以现多采用钢筋混凝土隔板。隔板采用 C20 细石混凝土预制 60mm 厚，下部预埋铁件于阳台预埋铁件焊接，其余各边伸出 Φ6 钢筋与墙体、挑梁和阳台栏杆、扶手相连。阳台隔板构造与连接如图 4-34 所示。

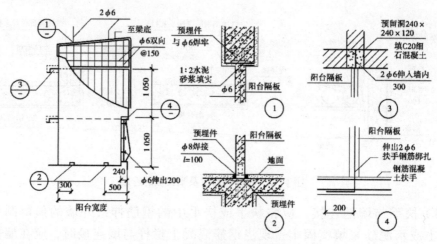

图 4-34 阳台隔板构造与连接

由于阳台为室外构件，每逢雨雪天易积水，为保证阳台排水通畅，防止雨水倒灌室内，必须采取一些排水措施。阳台排水有外排水和内排水两种。外排水适用于低层和多层建筑，即在阳台外侧设置泄水管将水排出。泄水管可采用 Dg40 ~ Dg50 镀锌铁管和塑料管，外挑长度不少于 80mm，以防雨水溅到下层阳台，如图 4-35（a）所示。内排水适用于高层建筑和高标准建筑，即在阳台内侧设置排水立管和地漏，将雨水直接排入地下管网，保证建筑立面美观，如图 4-35（b）所示。

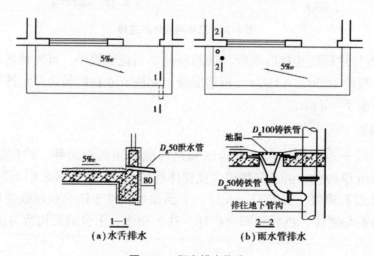

图 4-35 阳台排水构造

二、雨篷

（一）雨篷板的支承方式

由于建筑物的性质，出入口的大小和位置、地区气候差异，以及立面造型要求等因素的影响，雨篷的形式是多种多样的。根据雨篷板的支承方式不同，有悬板式和梁板式两种。

1. 悬板式

悬板式雨篷外挑长度一般为 0.9 ~ 1.5m，板根部厚度不小于挑出长度的 1/12，雨篷宽度比门洞每边宽 250mm，雨篷排水方式可采用无组织排水和有组织排水两种。雨篷顶面距过梁顶面 250mm 高，板底抹灰可抹 1：2 水泥砂浆内掺 5% 防水剂的防水砂浆 15mm 厚，如图 4-36 所示。

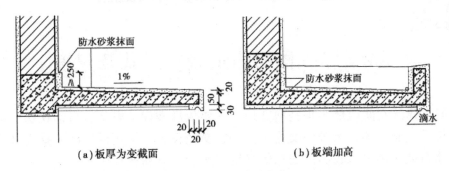

图 4-36　悬板式雨篷构造

2. 梁板式

梁板式雨篷多用在宽度较大的入口处，如影剧院、商场等主要出入口处悬挑梁从建筑物的柱上挑出，为使板底平整，多做成倒梁式，如图 4-37 所示。

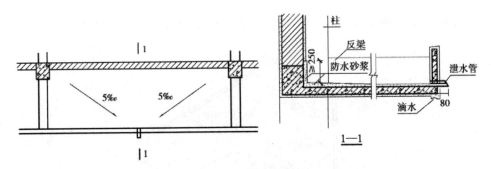

图 4-37　梁板式雨篷构造

（二）雨篷的防水

采用 1：2.5 水泥砂浆，掺 3% 防水粉，最薄处 20mm，并向出水口找 1% 坡度，出水口可采用 Φ50 硬塑料管，外露至少 50mm，防水砂浆应顺墙上卷至少 200mm。

当雨篷的面积较大时，雨篷的防水可采用卷材等防水材料，防水材料应顺墙上卷至少 200mm，需做好排水方向、雨水口位置。

雨篷抹面厚度超过 30mm 时，须在混凝土内预留 50mm 长镀锌铁钉，打弯后缠绕 24 号镀锌铁丝，或挂钢板网分层抹灰。

雨篷板底一般抹混合砂浆刷白色涂料。

雨篷的装饰：雨篷可设计成各类造型。雨篷底面可将照明、吊顶、设备统一考虑进行设置。

第五章 楼梯与电梯

第一节 楼梯的组成、形式及尺度

人们在建筑空间内部实现竖向交通，主要依靠楼梯、电梯、自动扶梯、台阶、坡道及爬梯等设施，楼梯是竖向交通中主要的交通设施，使用最广泛；垂直升降电梯用于高层建筑或使用要求较高的宾馆等多层建筑物；自动扶梯用于人流量大且使用要求高的公共建筑．如商场、候车楼等；台阶用于室内外高差之间和室内局部高差之间的联系：坡道用于建筑中的无障碍流线，如医疗建筑中担架车通道等，爬梯专用于不经常实施安装和检修等。

一、楼梯的组成

楼梯一般由楼梯段、平台、栏杆（板）扶手三部分组成（图5-1）。

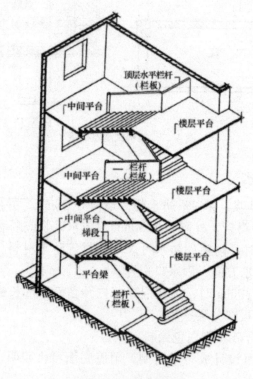

图 5-1 楼梯的组成

（一）楼梯段

楼梯段是指两平台之间带踏步的斜板，俗称梯跑。踏步的水平面称为踏面，其宽度称为踏步宽。踏步的垂直面称为踢面，其数量称为级数，高度称为踏步高。根据人们的行走习惯，楼梯段的级数一般不超过 18 级，不少于 3 级。公共建筑中的装饰性弧形楼梯根据实际情况可不受此限制。

（二）平台

平台是两楼梯段之间的水平连接部分。根据位置的不同，可分为中间平台和楼层平台。中间平台的主要作用是楼梯转换方向和缓解人们上楼梯的疲劳，又称休息平台。楼层平台与楼层地面标高平齐，除起中间平台的作用外，还可用来分流从楼梯到达各层的人群。

（三）栏杆（栏板）扶手

栏杆（板）是楼梯段的安全设施，一般设置在梯段和平台的临空边缘。要求它必须坚固可靠，有足够的安全高度，并在其上部设置扶手。在公共建筑中，当楼梯段较宽时，常在楼梯段和平台靠墙一侧设置靠墙扶手。

（四）梯井

楼梯的两梯段或三梯段之间形成的竖向空隙称为梯井。在住宅建筑和公共建筑中，根据使用和空间效果确定不同的取值。住宅建筑应尽量减小梯井宽度，以增大梯段净宽，一般取值为 100 ~ 200mm。公共建筑梯井宽度的取值一般不小于 160mm，并应满足消防要求。

二、楼梯的设计要求

楼梯作为建筑空间竖向联系的主要部件，位置应明显起到提示、引导人流的作用，要做到造型美观、通行顺畅、行走舒适、结构坚固、安全防火，同时还应满足施工和经济条件的要求。

作为主要楼梯，应与主要出入口邻近；同时还应避免垂直交通与水平交通在交接处拥挤、堵塞。

楼梯的间距、数量及宽度应经过计算满足防火疏散要求。楼梯间内不得有影响疏散的凸出部分，以免挤伤人。楼梯间除允许直接对外开窗采光外，不得向室内任何房间开窗。楼梯间四周墙必须为防火墙，对防火要求高的建筑物特别是高层建筑应设计成封闭式楼梯间或防烟楼梯间。楼梯间必须有良好的自然采光。

三、楼梯的类型

（一）按楼梯的材料分类

钢筋混凝土楼梯、钢楼梯、木楼梯及组合材料楼梯。

（二） 按照楼梯的位置分类

室内楼梯和室外楼梯。

（三） 按照楼梯的使用性质分类

主要楼梯、辅助楼梯、疏散楼梯及消防楼梯。

（四） 按照楼梯的平面形式分类

1. 直行单跑楼梯

直行单跑楼梯无中间平台，因单跑梯段踏步数一般不超过 18 级，仅用于层高不大的建筑 [图 5-2（a）]。

2. 直行多跑楼梯

直行多跑楼梯是单跑楼梯的延伸，增设了中间平台，将单梯段变为多梯段。一般为双跑梯段，适用于层高较大的建筑：[图 5-2（b）]，直行多跑楼梯，导向性强，在公共建筑中常用于人流较多的大厅。用于须上多层楼面的建筑时，会增加交通面积，加长行走距离。

3. 平行双跑楼梯

平行双跑楼梯，上完一层楼刚好回到原起步方位，与楼上升的空间回转往复性吻合，比直跑楼梯节约面积，缩短行走距离，是最常用的楼梯形式 [图 5-2（c）]。

4. 平行双分、双合楼梯

平行双分楼梯是在平行双跑楼梯基础上演变产生的。梯段平行且行走方向相反，第一跑楼梯中部上行，然后自中间平台处往两边以第一跑楼梯的 1/2 梯段宽，各上一跑到楼层平台。通常在人流多、梯段宽度较大时采用。常用作办公类建筑的主要楼梯 [图 5-2（d）]。

平行双合楼梯与平行双分楼梯类似。区别在于楼层平台起步第一跑梯段前者在中间，后者在两边 [图 5-2（e）]。

5. 折行多跑楼梯

折行双跑楼梯人流导向性较自由，折角可变，当折角大于 90° 时，其行进方向性类似于直行双跑梯，常用于仅上一层楼面的剧院、体育馆等建筑的门厅中，当折角小于 90° 时，可形成三角形楼梯间 [图 5-2（f）]。

折行三跑楼梯中部会形成较大梯井，在设有电梯的建筑中，可利用梯井做电梯井，常用于层高较大的公共建筑中。

6. 交叉式楼梯

由两个直行单跑梯段交叉并列布置而成。通行的人流量较大，且为上下楼层的人流提供了两个方向，对于空间开敞。楼层人流多方向进入有利，但仅适合于层高小的建筑 [图 5-2（g）]。

7. 剪刀式楼梯

剪刀式楼梯实际上是由两个双跑直楼梯交叉并列布置而形成的。它既增大了人流通行能力，又为人流变换行进方向提供了方便。适用于商场、多层食堂等人流量大，且行进方向有多向性选择要求的建筑中［图5-2（h）］。

8. 螺旋楼梯

螺旋楼梯通常是围绕一根单柱布置平面呈圆形。平台和踏步步均为扇形平面，踏步内侧宽度很小，形成较陡的坡度，行走时不安全，构造较复杂。这种楼梯不能作为主要疏散楼梯，其流线型造型美观，常作为建筑小品布置在庭院或室内［图5-2（i）］。

为了克服螺旋形楼梯内侧坡度过陡的缺点，在较大型的楼梯中，可将中间的单柱变为群柱或筒体。

9. 弧形楼梯

弧形楼梯与螺旋楼梯外形相似，其不同之处在于弧形楼梯围绕旋转的轴心为较大空间，其水平投影未构成圆，仅为一段弧环，其扇形踏步的内侧宽度也较大。同时，弧形楼梯也是折行楼梯的演变，当应用于公共建筑的门厅时，具有明显的导向作用［图5-2（j）］。

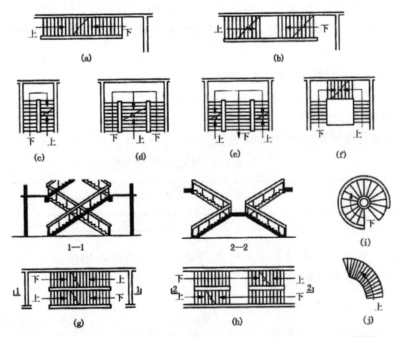

(a) 直行单跑楼梯；(b) 直行双跑楼梯；(c) 平行双跑楼梯；(d) 平行双分楼梯；(e) 平行双合楼梯；
(f) 折行三跑楼梯；(g) 交叉式楼梯；(h) 剪刀式楼梯；(i) 螺旋楼梯；(j) 弧形楼梯

图5-2　楼梯的形式

四、楼梯的尺度

（一）楼梯段的宽度

楼梯段宽度是指墙面至扶手中心线或两扶手中心线之间的水平距离，楼梯段的宽度除符合防火规范的规定外，供日常主要交通用的楼梯梯段宽度应根据建筑物使用特征，按每股人流宽为 500～600mm 考虑，不应少于两股人流。

楼梯应至少于一侧设扶手，梯段净宽达三股人流时应两侧设扶手，达四股人流时宜加设中间扶手。

（二）楼梯平台深度

楼梯平台是连接楼地面与梯段端部的水平部分，深度不应小于楼梯梯段的宽度，且不应小于1.2m，当有搬运大型物件需要时应适当加宽。直跑楼梯的中间平台深度以及通向走廊的开敞式楼梯楼层平台深度，可不受此限制。

（三）踏步尺寸

踏步的高度，成人以 150mm 左右较适宜，不应高于175mm。踏步的宽度（水平投影宽度）以 300mm 左右为宜，不应小于 260mm。当踏步宽过宽时，将导致梯段水平投影面积增加；踏步宽过小时，会使人行走不安全。通常踏步尺寸按下列经验公式确定：

2h +b=600～620mm 或 h+b=450mm

式中：h—踏步高度（mm）；

b—踏步宽度（mm）。

一般民用建筑楼梯踏步尺寸可参见表5-1。

表5-1　常用踏步尺寸　　　　　　　　　　　　单位：mm

名称	住宅	幼儿园	学校、办公室	医院	剧院、会堂
踏步高	150～175	120～150	140～160	120～150	120～150
踏步宽	260～300	260～280	280～340	300～350	300～350

为了在踏步宽一定的情况下增加行走舒适度，常将踏步出挑 20～30mm，使踏步的实际宽度大于其水平投影宽度（图5-3）。

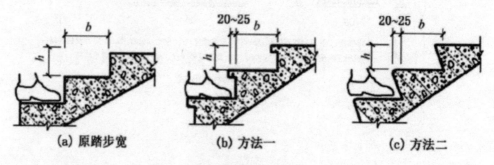

(a) 原踏步宽　　　　(b) 方法一　　　　(c) 方法二

图5-3　增加踏步宽度的方法

（四）楼梯栏杆扶手的尺度

楼梯栏杆扶手的高度，指踏面至扶手顶面的垂直距离。楼梯扶手的高度与楼梯的坡度、楼梯的使用要求有关。30°左右的坡度常采用900mm；儿童使用的楼梯一般为600mm，一般室内楼梯＞900mm，通常取1000mm；靠梯井一侧水平栏杆长度＞500mm、高度＞1000mm，室外楼梯栏杆高＞1050mm。高层建筑的栏杆高度应再适当提高，但不宜超过1200mm。

（五）楼梯的净空高度

楼梯的净空高度包括楼梯段间的净高和平台上的净空高度，楼梯段间的净高是指梯段空间的最小高度，即下层梯段踏步前缘至其正上方梯段下表面的垂直距离。梯段间的净高与人体尺度、楼梯的坡度有关。

平台过道处的净高是指平台过道地面至上部结构最低点（通常为平台梁）的垂直距离。在确定这两个净高时，应充分考虑人们肩扛物品对空间的实际需要．避免碰头。楼梯段间净高不应小于2.2m；平台过道处净高不应小于2.0m；起止踏步前缘与顶部凸出物内边缘线的水平距离不应小于300mm（图5-4）。

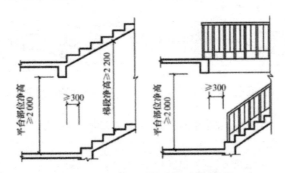

图5-4　梯段及平台部位净高要求

平台下过人净空局度不够时，可采取以下几种处理措施：

（1）底层直跑或不设置平台梁［图5-5（a）］。这种方法可以加大楼梯间进深。

（2）局部降低地坪。注意降低后的中间平台下地坪标高仍应高于室外地坪标高，防止雨水倒溢［图5-5（b）］。

（3）底层长短跑［图5-5（c）］。

（4）底层长短跑并局部降低地坪［图5-5（d）］。

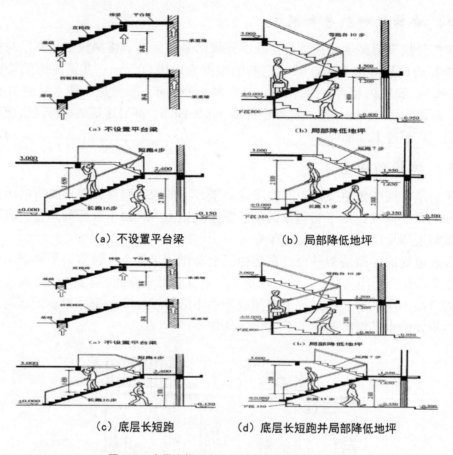

（a）不设置平台梁　　　　　　　　（b）局部降低地坪

（c）底层长短跑　　　　　　　（d）底层长短跑并局部降低地坪

图 5-5　底层中间平台下设出入口时的处理方式

第二节　钢筋混凝土楼梯

　　楼梯是建筑中重要的安全疏散设施，对自身的耐火性能要求较高。钢材是非燃烧体，但受热后易变形，一般要经过特殊的防火处理后，才能用于制作楼梯。钢筋混凝土的耐火和耐久性能均好于木材和钢材，在民用建筑中应用广泛。按施工方法不同，钢筋混凝土楼梯可分为现浇楼梯和预制装配式楼梯两大类。

　　预制装配式钢筋混凝土楼梯消耗钢材量大、安装构造复杂、整体性差、不利于抗震，在实际使用中较少，目前建筑中多采用现浇钢筋混凝土楼梯。

一、现浇钢筋混凝土楼梯

　　现浇钢筋混凝土楼梯是把楼梯段和平台整体浇注在一起的楼梯，整体性好、刚度大、抗震性能好，不需要大型起重设备，但施工进度慢、耗费模板多、施工程序较复杂。根据传力与结构形式的不同，分成板式和梁板式楼梯两种。

（一）板式楼梯

板式楼梯的梯段分别与两端的平台梁整浇在一起，由平台梁支承。梯段相当于是一块斜放的现浇板，平台梁是支座［图 5-6（a）］。梯段内的受力钢筋沿梯段的长向布置，平台梁的间距即为梯段板的跨度。板式楼梯适用于荷载较小、建筑层高较小的情况，如住宅、宿舍建筑。板式楼梯梯段的底面平整、美观，便于装饰。

为保证平台过道处的净空高度，可在板式楼梯的局部位置取消平台梁，形成折板式楼梯［图 5-6（b）］，此时板的跨度为梯段水平投影长度与平台深度之和。

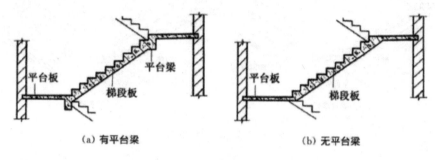

图 5-6　板式楼梯

近年来出现了一种造型新颖、具有空间感的悬臂板式楼梯. 特点是楼梯梯段和平台均无支承，完全靠上下梯段和平台组成的空间结构与上下层楼板共同受力（图 5-7）。

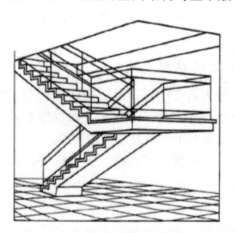

图 5-7　悬臂板式楼梯梯段

（二）梁板式楼梯

现浇梁板式楼梯由踏步、楼梯斜梁、平台梁和平台板组成。在楼梯段两侧设有斜梁，斜梁搭在平台梁上。荷载由踏步板经由斜梁再传到平台梁上，通过平台梁传给墙或柱，梁板式楼梯在结构上有双梁布置和单梁布置之分。

1. 双梁式梯段

将梯段斜梁布置在踏步的两端，这时踏步板的跨度便是梯段的宽度，也就是楼梯段斜梁间的距离。

（1）正梁式。梯梁在踏步板之下，踏步板外露，又称为明步。形式较为明快.但在板下露出的梁的阻角容易积灰［图5-8（a）］。

（2）反梁式。梯梁在踏步板之上，形成反梁，踏步包在里面，又称为暗步。暗步楼梯段底面平整,洗刷楼梯时污水不致污染楼梯底面,但梯梁占去了一部分梯段宽度[图5-8（b）]。

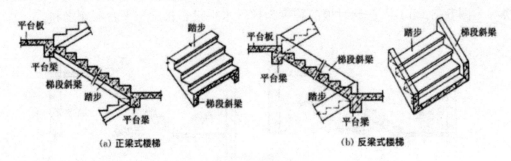

（a）正梁式楼梯　　　　　　　　（b）反梁式楼梯

图5-8　梁板式楼梯

二、预制装配式钢筋混凝土楼梯

预制装配式钢筋混凝土楼梯根据生产、运输、吊装和建筑体系的不同，有多种不同的构造形式。根据组成楼梯的构件尺寸及装配的程度，可分为小型构件装配式和中大型构件装配式两大类。

（一）小型构件装配式楼梯

把楼梯的组成部分划分为若干构件，每一构件体积小、重量轻、易于制作、便于运输和安装。但安装时件数较多，施工工序长，现场作业多，施工速度较慢。适用于施工过程中没有吊装设备或只有小型吊装设备的建筑。

小型构件包括踏步板、梯斜梁、平台梁、平台板等，支撑方式主要有梁承式、墙承式和悬臂式三种。

1. 梁承式

预制装配梁承式钢筋混凝土楼梯是梯段由平台梁支承的楼梯构造方式。预制构件可按梯段（梁板式或板式）、平台梁、平台板三部分进行划分。有一字形踏步与锯齿形梯梁组合［图5-9（a）］；L形踏步与锯齿形梯梁组合［图5-9（b）］；三角形踏步与矩形梯梁组合［图5-9（c）］；三角形（空心）踏步与L形梯梁组合［图5-9（d）］。

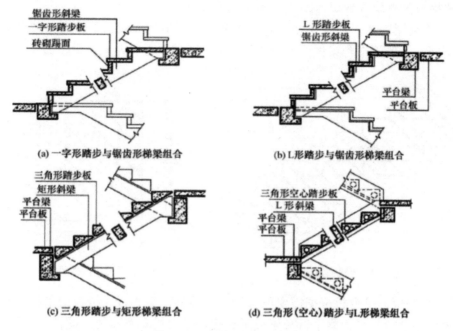

(a) 一字形踏步与锯齿形梯梁组合

(b) L形踏步与锯齿形梯梁组合

(c) 三角形踏步与矩形梯梁组合

(d) 三角形(空心)踏步与L形梯梁组合

图5-9 预制装配梁承式楼梯

（1）梯段。梯段分为梁板式梯段和板式梯段两种。

梁板式梯段由踏步板和梯斜梁组成。一般在踏步板两端各设一根梯斜梁，踏步板支承在梯斜梁上。由于构件小型化，不需大型起重设备即可安装，施工简便。

踏步板断面形式有一字形［图5-10（a）］、正L形［图5-10（b）］、倒L形［图5-10（c）］、三角形［图5-10（d）］等。

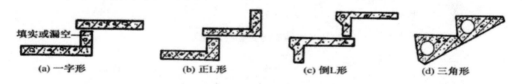

(a) 一字形　　　　(b) 正L形　　　　(c) 倒L形　　　　(d) 三角形

图5-10 踏步板的形式

梯斜梁用于搁置一字形、L形断面踏步板的梯斜梁为锯齿形断面构件。用于搁置三角形断面踏步板的梯斜梁为等断面构件（图5-11）。

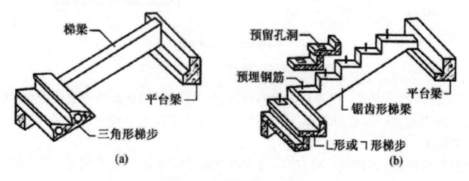

(a)

(b)

图5-11 预制梯斜梁的形式

板式梯段为整块或数块带踏步条板（图 5-12）。

（2）平台梁。为了便于支承梯斜梁或梯段板，平衡梯段水平分力并减少平台梁所占结构空间，一般将平台梁做成 L 形断面，如图 5-13 所示为平台梁断面尺寸。

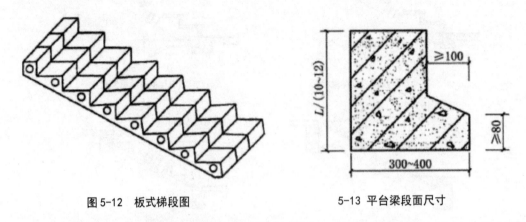

图 5-12　板式梯段图　　　　　　5-13 平台梁段面尺寸

（3）平台板。平台板根据需要可采用钢筋混凝土空心板、槽板或平板，其布置形式有两种：平台板与平台梁平行布置或平台板与平台梁垂直布置（图 5-14）。

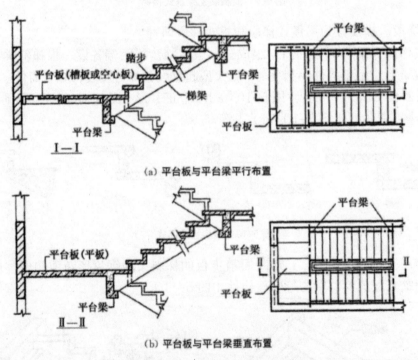

（a）平台板与平台梁平行布置

（b）平台板与平台梁垂直布置

图 5-14　梁承式梯段与平台的结构布置

（4）构件连接构造。踏步板与梯斜梁连接，在梯斜梁支承踏步板处用水泥砂浆坐浆连接。如需加强，可在梯斜梁上预埋插筋，与踏步板支承端预留孔插接.用高标号水泥砂浆填实。

梯斜梁或梯段板与平台梁连接，在支座处除了用水泥砂浆坐浆外.应在连接端预埋钢板进行焊接。

梯斜梁或梯段板与梯基连接，在楼梯底层起步处，梯斜梁或梯段板下应作梯基，梯基常用砖或混凝土，也可用平台梁代替梯基，但须注意该平台梁无梯段处与地坪的关系。

2. 墙承式

预制装配墙承式钢筋混凝土楼梯是指预制钢筋混凝土踏步板直接搁置在墙上的一种楼梯形式，踏步板一般采用一字形、L形断面。

这种楼梯由于在梯段之间有墙，搬运家具不方便，也阻挡视线，上下人流易相撞.通常在中间墙上开设观察口，使上下人流视线通畅（图5-15）。也可将中间墙两端靠平台部分局部收进，以使空间通透，有利于改善视线和搬运家具物品。但这种方式时抗震不利，施工也较复杂。

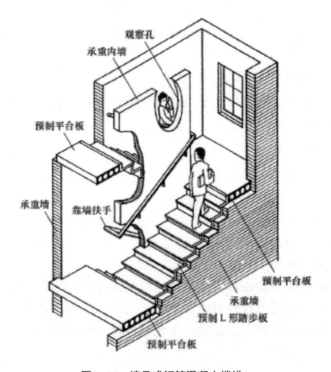

图 5-15　墙承式钢筋混凝土楼梯

3. 悬臂式

预制装配墙悬臂式钢筋混凝土楼梯是指预制钢筋混凝土踏步板一端嵌固于楼梯间侧墙上，另一端凌空悬挑的楼梯形式（图5-16）。

预制装配墙悬臂式钢筋混凝土楼梯用于嵌固踏步板的墙体厚度不应小于240mm，踏步板悬挑长度一般为1800mm。踏步板一般采用L形带肋断面形式，其入墙嵌固端一般做成矩形断面，嵌入深度240mm。

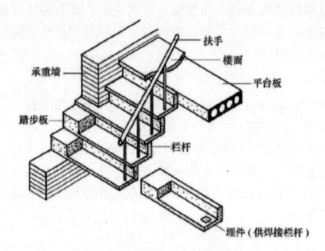

图 5-16　悬臂式钢筋混凝土楼梯

（二）中大型构件装配式楼梯

从小型构件改为中大型构件，可以减少预制构配件的数量和种类，对于简化施工过程、提高工作效率、减轻劳动强度等有好处。

1. 中型构件装配式楼梯

中型构件装配式楼梯一般由楼梯段和带平台梁的平台板两个构件组成。按其结构形式不同分为板式梯段和梁板式梯段两种。

板式梯段为预制整体梯段板，两端搁在平台梁出挑的部位上，将梯段荷载直接传给平台梁，有实心和空心两种［图 5-17（a）］。梁式梯段由踏步板和梯梁共同组成一个构件［图 5-17（b）］。

中型构件装配式楼梯安装时，将梯段的两端搁置在 L 形平台梁上，安装前应先在平台梁上坐浆，使构件间的接触面贴紧，受力均匀。预埋件焊接处理，或将梯段预留孔套接在平台梁的预埋铁件上。孔内用水泥砂浆填实的方式，将梯段与平台梁连接在一起。

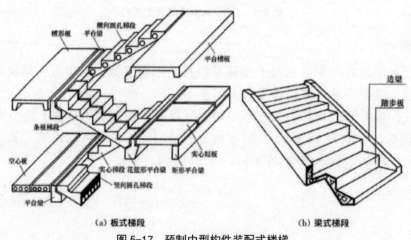

（a）板式梯段　　　　　　　（b）梁式梯段

图 5-17　预制中型构件装配式楼梯

2. 大型构件装配式楼梯

大型构件装配式楼梯是把整个梯段和平台预制成一个构件。按结构形式不同，有板式楼梯和梁板式楼梯两种（图 5-18）。其优点是构件数量少，装配化程度高，施工速度快。但施工时需要大型的起重运输设备。

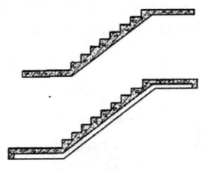

图 5-18　大型构件装配式楼梯

第三节　楼梯的细部构造

一、踏步的构成及防滑处理

（一）踏步的构成及面层类型

踏步由踏面和踢面构成。踏面最容易受到磨损，影响行走和美观，所以踏面应耐磨、防滑、便于清洗，有较强的装饰性。楼梯踏面材料一般与门厅或走道的地面材料一致，常用的有水泥砂浆、水磨石、大理石、地砖和缸砖等（图 5-19）。

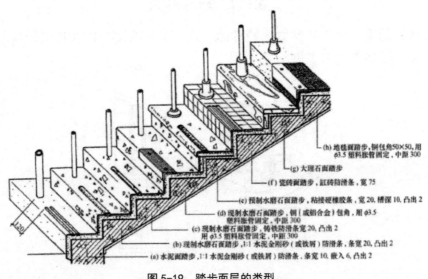

(h) 地毯面踏步,铜包角50×50,用φ3.5 塑料胀管固定,中距 300
(g) 大理石面踏步
(f) 瓷砖面踏步,缸砖防滑条,宽 75
(e) 预制水磨石面踏步,粘接硬橡胶条,宽 20,槽深 10,凸出 2
(d) 现制水磨石面踏步,钢（或铝合金）包角,用 φ3.5 塑料胀管固定,中距 300
(c) 现制水磨石面踏步,铸铁防滑条宽 20,凸出 2,用 φ3.5 塑料胀管固定,中距 300
(b) 现制水磨石面踏步,1:1 水泥金刚砂（或铁屑）防滑条,条宽 20,凸出 2
(a) 水泥面踏步,1:1 水泥金刚砂（或铁屑）防滑条,条宽 10,嵌入 6,凸出 2

图 5-19　踏步面层的类型

（二）踏步的防滑处理

踏步面层光滑，行人容易滑跌．因此在踏步前缘应有防滑措施，尤其是人流较为集中的建筑物楼梯。踏步前缘是踏步磨损最厉害的部位，同时也容易受到其他硬物的破坏。设置防滑措施可以提高踏步前缘的耐磨程度，起到保护作用。常用的防滑措施：一种是在距踏步面层前缘 40mm 处设 2～3 道防滑凹槽；另一种是在距踏步面层前缘 40～50mm 处设防滑条，防滑条的材料可用金刚砂、金属条、陶瓷锦砖、橡胶条等（图 5-20）。

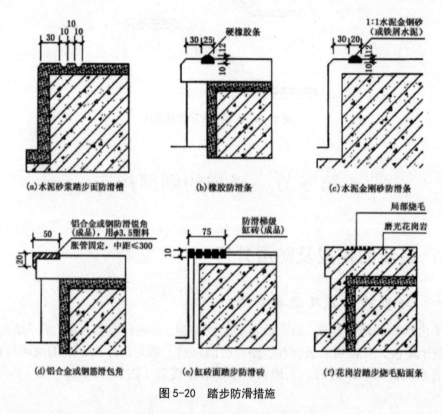

图 5-20　踏步防滑措施

底层楼梯的第一个踏步常做成特殊的样式，或方或圆，以增加美观性。栏杆或栏板也可变化，增加多样性（图 5-21）。

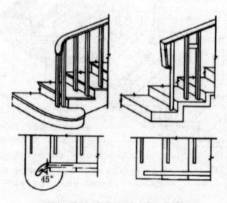

图 5-21　底层第一个踏步详情

二、栏杆（板）、扶手的形式与构造

栏杆（板）是楼梯中保护行人上下安全的围护措施。

（一）栏杆

栏杆多采用方钢、圆钢、钢管或扁钢等材料，并可焊接或初接成各种图案，既起防护作用．又起装饰作用（图5-22）。

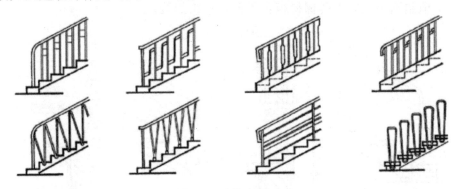

图5-22　栏杆的形式

栏杆与楼梯段连接方法如下。

（1）埋铁件焊接：将栏杆的立杆与楼梯段中预埋的钢板或套管焊接在一起。

（2）预留孔洞插接：将栏杆的立杆端部做成开脚或倒刺插入楼梯段预留的孔洞，用水泥砂浆或细石混凝土填实。

（3）螺栓连接：用螺栓将栏杆固定在梯段上．固定方法有若干种，如用板底螺帽栓紧贯穿踏板的栏杆等。

具体做法如图5-23所示。

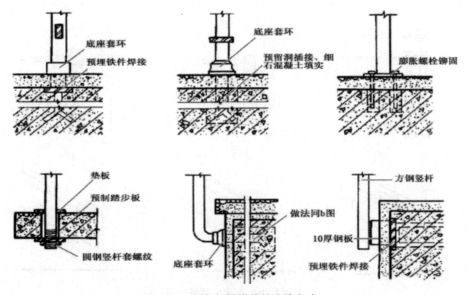

图5-23　栏杆与楼梯段的连接方法

（二）栏板

栏板是用实体材料构成的,由钢筋混凝土、加筋传砌体、有机玻璃、钢化玻璃等制作。钢筋混凝土栏板有预制和现浇两种。栏板构造如图5-24所示。

（1）砖砌栏板：当栏板厚度为60mm（即标准传侧砌）时，外侧要用钢筋网加固,再用钢筋混凝土扶手与栏板连成整体。

（2）现浇钢筋混凝土楼梯栏板：经支模、扎筋后，与梯段整浇。

（3）预制钢筋混凝土楼梯栏板：用预埋钢板焊接。

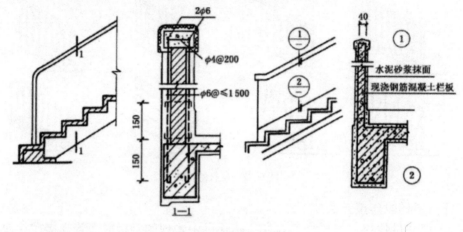

图 5-24　栏板的构造

（三）混合式

混合式是指空花式与栏板式两种栏杆形式的组合。栏杆竖杆作为主要抗侧力构件,栏板则作为防护和美观装饰构件。栏杆竖杆常采用钢材或不锈钢等材料,栏板部分常采用轻质美观材料制作,如木板、塑料贴面板、铝板、有机玻璃板和钢化玻璃板等（图5-25）。

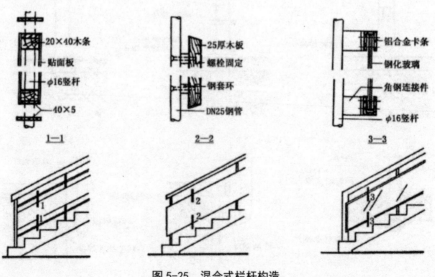

图 5-25　混合式栏杆构造

（四）扶手

楼梯扶手按材料分有木扶手、金属扶手、塑料扶手等；按构造分有漏空栏杆扶手、栏板扶手和靠墙扶手等。

木扶手、塑料扶手通过木螺丝穿过扁铁与镂空栏杆连接；金属扶手通过焊接或螺钉连接；靠墙扶手则由预埋铁脚的扁钢和木螺丝来固定。栏板上的扶手多采用抹水泥砂浆或水磨石粉面的处理方式（图5-26）。

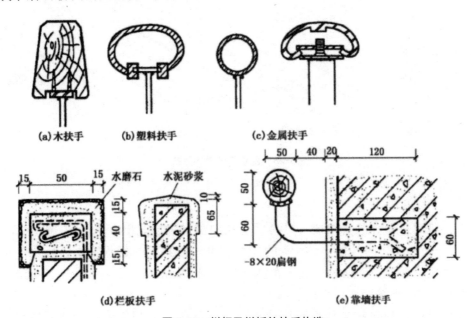

图5-26　栏杆及栏板的扶手构造

扶手高度是指踏面宽度中点至扶手面的竖向高度，一般高度为900mm。供儿童使用的扶手高度为600mm，室外楼梯栏杆、扶手高度应不小于1100mm（图5-27）。

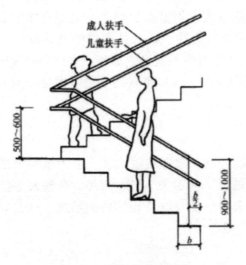

图5-27　扶手的高度要求

三、台阶与坡道

台阶与坡道是建筑物出入口的铺助配件，用于解决由于建筑物地坪高差形成的出入问题，一般多用台阶，当有车辆出入或高差较小时，可采用坡道形式（图5-28）。

台阶与坡道位于建筑物外部，面层材料必须防滑，坡道表面常做成锯齿形或带防滑条。

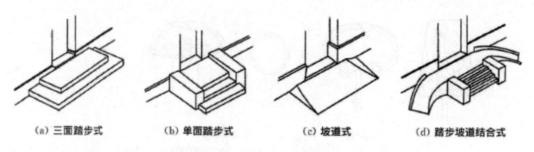

(a) 三面踏步式   (b) 单面踏步式   (c) 坡道式   (d) 踏步坡道结合式

图5-28   台阶与坡道的形式

（一）台阶

室外台阶由平台和踏步组成。平台面应比门洞口每边宽出500mm左右，并比室内地面低20～50mm，向外做出约1%的排水坡度。因其处在建筑物人流较为集中的出入口处，坡度应较缓。台阶踏步宽一般为300～400mm，高度值不超过150mm。当台阶高度超过1m，宜设置护栏设施。

室外台阶应在建筑物主体工程完成后再进行施工，并与主体结构之间留出约10m的沉降缝。台阶易受雨水侵蚀、日晒、霜冻等影响．其面材应考虑用防滑、抗风化、抗冻融强的材料制作，如水泥砂浆面层、水磨石面层、防滑地砖面层、斩假石面层、天然石材面层等。

室外台阶是建筑出入口处及室内外高差之间的交通联系部件，属于垂直交通设施之一。其位置明显，人流量大，须慎重处理。一般不直接紧靠门口设置台阶，应在出入口前留1m宽以上平台作为缓冲。在人员密集的公共场所、观众厅的入场门口、太平门等处，紧靠门口1.4m范围内不应设置踏步。室内外高差较小，不经常开启的外门可在距外墙面0.3m以外设踏步。入口平台的表面应做成向室外倾斜1%～4%的坡度，利于排水。

（二）坡道

室外门前为便于车辆进出，常作坡道。坡道多为单面坡形式，极少数为三面坡。坡道坡度应有利于车辆通行，一般为1/12～1/6。有些大型公共建筑，为考虑汽车能在大门入口处通行，常采用台阶与坡道相结合的形式，即台阶与坡道同时应用，平台左右设置坡道，正面做台阶。

1. 坡道的分类

坡道按照其用途的不同，可以分成行车坡道和轮椅坡道两类。

行车坡道分为普通行车坡道与回车坡道两种（图 5-29）。普通行车坡道布置在有车辆进出的建筑入口处，如车库、库房等。回车坡道与台阶踏步组合在一起，布置在大型公共建筑的入口处，如办公楼、旅馆、医院等。轮椅坡道设计是供无障碍使用的。

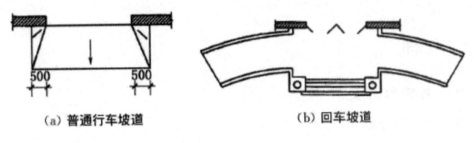

（a）普通行车坡道　　　　　　　（b）回车坡道

图 5-29　行车坡道

2. 坡道的尺寸和坡度

普通行车坡道的宽度应大于所连通的门洞口宽度 . 一般每边 > 500mm。坡道的坡度与建筑的室内外高差及坡道的面层处理方法有关。光滑材料坡道 < 1：12；粗糙材料坡道（包括设置防滑条的坡道）< 1：6；带防滑齿坡道其 1：4。

回车坡道的宽度与坡道半径及车辆规格有关，坡道的坡度应：10。供无障碍使用的坡道的宽度不应小于 0.9m。

3. 坡道的构造

坡道的构造与台阶基本相同，垫层的强度和厚度应根据坡道上的荷载来确定，季节冰冻地区的坡道需在垫层下设置非冻胀层（图 5-30）。

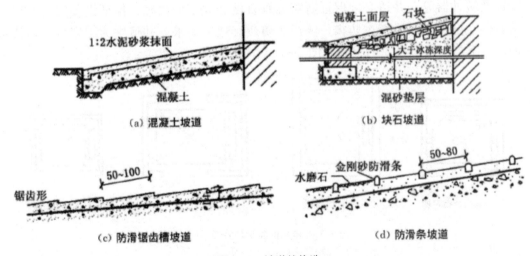

（a）混凝土坡道　　　　　　　　（b）块石坡道

（c）防滑锯齿槽坡道　　　　　　（d）防滑条坡道

图 5-30　坡道的构造

第四节 电梯与自动扶梯

一、电梯

（一）电梯的类型

1. 按使用性质分类

（1）客梯：主要用于人们在建筑物中的垂直交通。

（2）货梯：主要用于运送货物及设备。

（3）消防电梯：用于发生火灾、爆炸等紧急情况下消防人员紧急救援使用。

2. 按电梯行驶速度分类

（1）高速电梯：速度大于 2m/s，消防电梯常用高速电梯。

（2）中速电梯：速度在 2m/s 之内，一般货梯按中速考虑。

（3）低速电梯：运送食物电梯常用低速，速度在 1.5m/s 以内。

（二）电梯的组成

1. 电梯井道

电梯井道是电梯运行的通道。井道内包括出入口、电梯轿厢、导轨、导轨撑架、平衡锤及缓冲器等。井道必须保证所需的垂直度和规定的内径，保证设备安装及运行不受妨碍。电梯井道要考虑防火、隔声、防震、通风要求。井道内为了安装、检修和缓冲，上下均应留有必要的空间（图 5-31）。

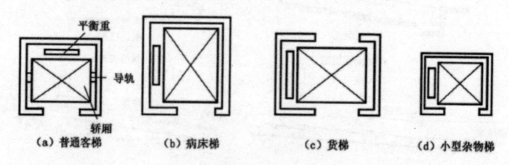

（a）普通客梯　　　（b）病床梯　　　（c）货梯　　　（d）小型杂物梯

图 5-31　电梯的类型与井道平面

2. 电梯机房

电梯机房一般设在井道的顶部，机房和井道的平面相对位置允许机房任意向两个相邻方向伸出 600mm 以上宽度，并满足机房有关设备安装的要求。机房楼板应按机器设备要求的部位预留孔洞。

3. 井道地坑

井道地坑在最底层平面标高以下至少留有 1.4m 以上的距离，作为轿厢下降时缓冲器的安装空间。

4. 组成电梯的有关部件

（1）轿厢是直接载人、运货的厢体。电梯轿厢应造型美观，经久耐用，轿厢多采用金属框架结构，内部用光洁有色钢板或有色有孔钢板壁面、花格钢板地面以及不锈钢操纵板等。入口处用钢材或坚硬铝材制成的电梯门槛。

（2）井壁导轨和导轨支架是支承、固定轿厢上下升降的轨道。

（3）牵引轮及钢支架、钢丝绳、平衡锤、轿厢开关门、检修起重吊钩等。

（4）电器部件有交流电动机、直流电动机、控制柜、继电器、选层器、动力装置、照明装置、电源开关、厅外层数指示灯和厅外上下召唤盒开关等。

具体如图 5-32 所示。

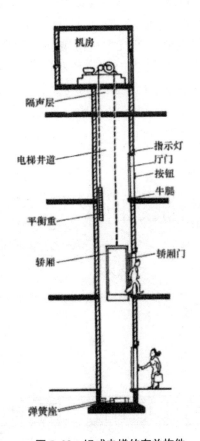

图 5-32　组成电梯的有关构件

（三）电梯相关部位的构造要求

1. 井道、机房的一般要求

（1）通向机房的通道和楼梯宽度不小于 1.2m，楼梯坡度不大于 45°。

（2）机房楼板应平坦整洁，能承受 6kPa 的均布荷载。

（3）井道壁多为钢筋棍凝土井壁或框架填充墙井壁。井道壁为钢筋混凝土时，应预留 150mm 见方，150mm 深孔洞，垂直中距 2m，以便安装支架。

（4）框架（圈梁）上应预埋铁板，铁板后面的焊件与梁中钢筋焊牢。每层中间加圈梁一道，并须设置预埋铁板。

（5）电梯为两台并列时，中间可不用隔墙. 按一定的间隔放置钢筋混凝土梁或型钢过梁，以便安装支架。

2.电梯导轨支架的安装要求

安装导轨支架有预留孔插入式和预埋铁件焊接式。

二、自动扶梯

自动扶梯用于有大量人流出入的公共建筑中，其坡度比较平缓，运行速度为 0.5 ~ 0.7m/s，宽度有单人和双人两种。

自动扶梯运行原理是采取机电系统技术，由电动马达变速器以及安全制动器所组成的推动单元拖动两条环链，每级踏步板都与环链连接，通过链轮的滚动. 踏板便沿主构架中的轨道循环运转，在踏板上面的扶手带与踏板同步运转。

机房悬挂在楼板下面. 楼层下做外装饰处理，底层做地坑处理好防水。机房上部自动扶梯的入口处，应做活动地板，利于检修（图 5-33）。

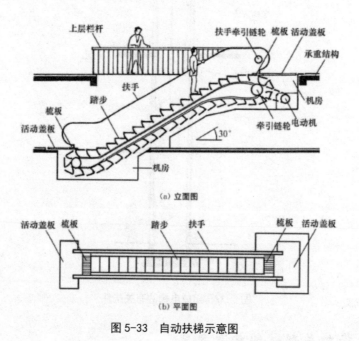

（a）立面图

（b）平面图

图 5-33　自动扶梯示意图

第六章 屋顶

第一节 屋顶的设计类型及要求

一、屋顶的设计要求

屋顶作为外围护构件,其功能是抵御自然界的风霜雪雨、太阳辐射、气候变化和其他外界的不利因素,使屋顶覆盖下的空间,有一个良好的使用环境。作为承重构件,屋顶承受建筑物顶部的荷载并将这些荷载传给下部的承重构件,同时还起着对房屋上部荷载的水平支撑作用。

(一) 功能要求

具有良好的防水、保温、隔热、隔声等性能.能抵御自然界的不利因素对室内空间的影响。

(二) 结构要求

具有足够的强度和刚度,布置合理,坚固耐久,整体性好。

(三) 构造的要求

构造简单、自重轻、取材方便、经济合理,

(四) 建筑艺术要求

具有良好色彩及造型,满足美观要求,体现建筑的艺术性。

二、屋顶的类型

屋顶的类型与建筑物的屋面材料、屋顶结构类型、屋面排水坡度及建筑造型要求等有关,常见的屋面类型有平屋顶、坡屋顶和曲面屋顶三种。

(一) 平屋顶

平屋顶是指屋面排水坡度小于5%的屋顶.常用的坡度为2%~3%。平屋顶坡度平缓、构造简单、节约材料、造价经济.上部可做成上人屋面.用作露台、屋顶花园等.在建筑工程中应用最为广泛。平屋顶的常见形式如图6-1所示。

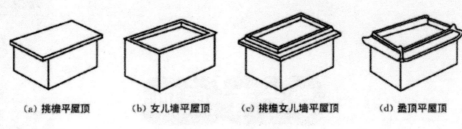

（a）挑檐平屋顶　　（b）女儿墙平屋顶　　（c）挑檐女儿墙平屋顶　　（d）盝顶平屋顶

图 6-1　平屋顶的形式

（二）坡屋顶

坡屋顶是指屋面排水坡度在 10% 以上的屋顶。坡屋顶在我国有着悠久的历史，因其造型丰富，能就地取材，同时兼顾了人们的审美要求，至今仍被广泛采用。坡屋顶的形式如图 6-2 所示。

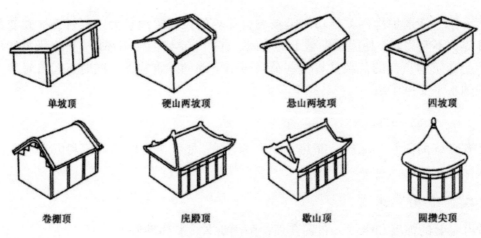

单坡顶　　　　硬山两坡顶　　　　悬山两坡顶　　　　四坡顶

卷棚顶　　　　　庑殿顶　　　　　歇山顶　　　　　圆攒尖顶

图 6-2　坡屋顶的形式

（三）曲面屋顶

曲面屋顶是指由各种薄壳结构、悬索结构、张拉膜结构和网架结构等作为屋顶承重结构的屋顶，曲面屋顶的承重结构多为空间结构，这些空间结构具有受力合理、节约材料的优点，但施工复杂、造价高，一般适用于大跨度的公共建筑。

双曲拱屋顶　　　砖石拱屋顶　　　球形网壳屋顶　　　V形折板屋顶

筒壳屋顶　　　　扁壳屋顶　　　车轮形悬索屋顶　　　鞍形悬索屋顶

图 6-3　曲面屋顶的形式

三、屋面坡度

（一）确定屋面坡度的因素

屋面坡度由多方面因素决定，与屋面材料、当地降雨量大小、屋顶结构形式、建筑造型要求及经济条件等有关。屋面坡度大小应适当.坡度太小易渗漏，坡度太大浪费材料、空间。确定屋面坡度时要综合考虑屋面材料、排水能力、经济实用、构造难易程度等各方面的因素。

（二）坡度的表示方法

屋面坡度的表示方法有斜率法、角度法和百分比法（图6-4）。斜率法是以屋顶斜面的垂直投影高度与其水平投影长度之比来表示的，如1：5，1：10等。较大的坡度时可用角度，即以倾斜屋面与水平面所成的夹角表示，如30°，45°等。较小的坡度则常用百分率,即以屋顶倾斜面的垂直投影高度与其水平投影长度的百分比来表示，如2%，5%等。

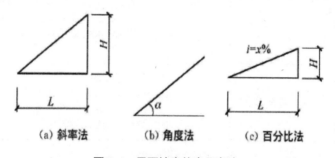

（a）斜率法　　　　（b）角度法　　　　（c）百分比法

图6-4　屋面坡度的表示方法

第二节　屋顶排水

一、屋面的防水等级

防水是屋顶的最基本的功能要求，屋面的防水等级主要是依据建筑物的性质、重要程度、使用功能要求、防水层耐用年限、防水层选用材料和设防要求等来确定的，具体见表6-1。

表 6-1　屋面的防水等级和设防要求

项目		建筑物类别	防水层使用年限	防水选用材料	设防要求
屋面的防水等级	I 级	特别重要的民用建筑和对防水有特殊要求的工业建筑	25 年	合成高分子防水卷材、高聚物改性沥青防水卷材、合成高分子防水涂料、细石防水混凝土等材料	三道或三道以上防水设防，其中应用一道合成高分子防水卷材，且只能有一道厚度不小于 2mm 的合成高分子防水涂膜
	II 级	重要的工业与民用建筑、高层建筑	15 年	高聚物改性沥青防水卷材、合成高分子防水卷材、合成高分子防水涂料、高聚物改性沥青防水涂料、细石防水混凝土、平瓦等材料	二道防水设防，其中应有一道卷材；也可采用压型钢板进行一道设防
	III 级	一般工业与民用建筑	10 年	三毡四油沥青防水卷材高聚物改性沥青防水卷材、合成高分子防水卷材、高聚物改性沥青防水涂料、合成高分子防水涂料、沥青基防水涂料、刚性防水层、平瓦、油毡瓦等材料	一道防水设防，或两种防水材料复合使用
	IV 级	非永久性的建筑	5 年	三毡四油沥青防水卷材高聚物改性沥青防水卷材、合成高分子防水卷材、沥青基防水涂料、波形瓦等材料	一道防水设防

二、平屋顶的排水

（一）平屋顶坡度的形成

平屋顶屋面应设法形成一定的坡度来排除屋顶的水，并防止屋顶积水渗漏。形成屋顶排水坡度的方法主要有两种：材料找坡和结构找坡。

1. 材料找坡

材料找坡也称垫置坡度，是在水平的屋面板上面利用材料厚度不同形成一定的坡度，找坡材料多用炉渣等轻质材料加水泥和石灰形成，一般设在承重屋面板与保温层之间，平屋顶材料找坡如图 6-5 所示。

材料找坡形成的坡度不宜过大。找坡层的平均厚度增加会使屋顶荷载过大，导致屋顶造价增加。当保温材料为松散状时，也可不另设找坡层，把保温材料做成不均匀厚度来形成坡度，材料找坡可使室内获得水平的顶棚层，但会增加屋顶自重。

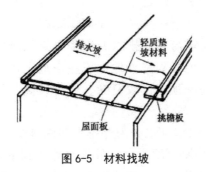

图 6-5 材料找坡

2. 结构找坡

结构找坡也称搁置坡度，它是将屋面板放在有一定倾斜度的梁或墙上，从而形成屋面的坡度。这种做法的顶棚是倾斜的，屋面板以上各构造层厚度不发生变化（图6-6）。

结构找坡不需另做找坡层，减少了屋顶荷载。施工简单、造价低，但顶棚是斜面，室内空间高度不等，需吊顶棚。这种做法在民用建筑中采用较少，多用于跨度较大的生产性建筑和有吊顶的公共建筑。

图 6-6 平屋顶找坡

（二）平屋顶的排水方式

平屋顶的排水方式分为无组织排水和有组织排水两大类。

1. 无组织排水

无组织排水是指屋面的雨水由檐口自由滴落到室外地面，又称自由落水，当平屋顶采用无组织排水时，需把屋顶在外墙四周挑出，形成挑檐（图 6-7）。

无组织排水不须在屋顶上设置排水装置，构造简单、造价低，但沿檐口下落的雨水会溅湿墙脚，有风时雨水还会淋湿墙面。因此，无组织排水一般适用于低层或次要建筑及降雨量较小地区的建筑物。

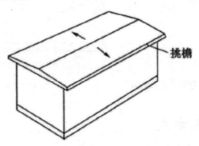

图 6-7 平屋顶四周挑檐自由落水

2. 有组织排水

有组织排水是在屋顶设置与屋面排水方向相垂直的纵向天沟，汇集雨水后，将雨水由雨水口、雨水管有组织地排到室外地面或室内地下排水系统，这种排水方式称为有组织排水。有组织排水的屋顶构造较复杂、造价较高，但避免了雨水自由下落对墙面和地面的冲刷。

按照雨水管的位置，有组织排水分为外排水和内排水。

（1）外排水。外排水是屋顶雨水由室外雨水管排到室外的排水方式，这种排水方式构造简单，造价较低，应用较广，按照檐沟在屋顶的位置，外排水的屋顶形式有沿屋顶四周设檐沟、沿纵墙设檐沟、女儿墙外设檐沟、女儿墙内设檐沟等（图6-8）。

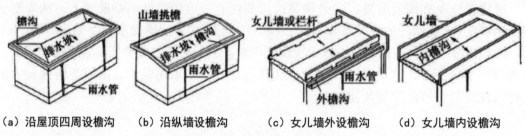

（a）沿屋顶四周设檐沟　（b）沿纵墙设檐沟　（c）女儿墙外设檐沟　（d）女儿墙内设檐沟

图6-8　平屋顶有组织外排水

（2）内排水。内排水是屋顶的雨水由设在室内的雨水管排到地下水系统的排水方式，这种排水方式构造复杂，造价及维修费用高，且雨水管占室内空间，一般适用于大跨度建筑、高层建筑、严寒地区及对建筑立面有特殊要求的建筑（图6-9）。

雨水口的位置和间距要尽量使其排水负荷均匀，有利于雨水管的安装，且不影响建筑美观。雨水口的数量主要根据屋面集水面积、不同直径雨水管的排水能力计算确定。

在工程实践中，一般在年降雨量大于900mm的地区，每一直径为100mm的雨水管，可排集水面积150m²的雨水；年降雨量小于900mm的地区，每一直径为100mm的雨水管可排集水面积200m²的雨水。雨水口的间距不宜超过18m，以防垫置纵坡过厚而增加屋顶或天沟的荷载，屋面排水平面图及雨水口布置如图6-10所示。

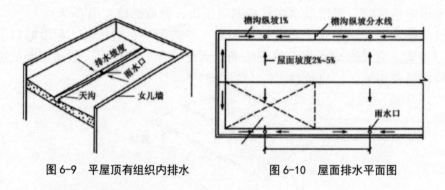

图6-9　平屋顶有组织内排水　　　　图6-10　屋面排水平面图

（三）坡屋顶的排水方式

坡屋顶排水有两种形式：无组织排水和有组织排水。

1. 无组织排水

一般在少雨地区或低层及次要建筑中采用这种排水方式［图6-11（a）］，其构造简单、施工方便且造价低廉。

2. 有组织排水

有组织排水又分为挑檐沟外排水和女儿墙檐沟外排水。

（1）挑檐沟外排水。在坡屋顶挑槽处悬挂檐沟，雨水先流向檐沟，再经雨水管排至地面［图6-11（b）］。

（2）女儿墙檐沟外排水。在屋顶四周做女儿墙，女儿墙内再做檐沟，雨水流向檐沟后，经雨水管排至地面［图6-11（c）］。

(a) 无组织外排水　　(b) 挑檐沟外排水　　(c) 女儿墙檐沟外排水

图6-11　坡屋顶排水方式

第三节　平屋顶构造

平屋顶具有构造简单、节约材料、造价低廉、施工方便、屋面可以利用的优点，同时也存在着造型单一、易产生渗漏现象且维修较困难等缺点。平屋顶是较为常见的屋顶形式。

一、平屋顶的组成

屋顶一般由面层（防水层）、保温层或隔热层、结构层和顶棚层四部分组成（图6-12）。

由于各地气候条件不同，屋顶的组成也略有差异。在南方地区，较少设保温层；而北方地区则很少设隔热层。

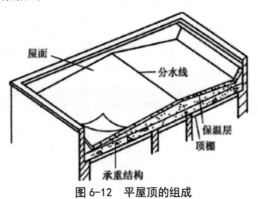

图6-12　平屋顶的组成

（一）面层（防水层）

平屋顶坡度小排水慢，要加强面层的防水构造处理。平屋顶一般选用防水性能好且单块面积较大的屋面防水材料，采取有效的接缝处理措施来增强屋面的抗渗能力。目前，在工程中常用的有柔性防水和刚性防水两种防水方式。

（二）保温层或隔热层

为防止冬、夏季顶层房间过冷或过热，需在屋顶构造中设置保温层或隔热层，保温层、隔热层通常设置在结构层和防水层之间。常用的保温材料有无机粒状材料和块状制品，如膨胀珍珠岩、水泥蛭石、聚苯乙烯泡沫塑料板等。

（三）结构层

平屋顶主要采用钢筋混凝土结构。按施工方法不同，有现浇钢筋混凝土结构、预制装配式钢筋混凝土结构和装配整体式钢筋混凝土结构三种形式。目前多采用现浇钢筋混凝土结构。

（四）顶棚层

顶棚层的作用及构造做法与楼板层的顶棚层基本相同，有直接抹灰顶棚和吊顶两大类。

二、平屋顶的防水构造

按防水层的做法不同，平屋顶的防水构造分为柔性防水屋面、涂膜防水屋面和刚性防水屋面等几种形式。

（一）柔性防水屋面

柔性防水屋面是将柔性的防水卷材相互搭接，并用胶结料粘贴在屋面基层上，形成防水屋面。卷材有一定的柔性，所以称为柔性防水屋面（也称卷材防水屋面）。

我国过去一直使用沥青和油毡作为屋面防水层。油毡比较经济,有一定的防水能力,但须热施工，且污染环境，高温易流淌，老化周期只有 6～8 年。随着近年来部分新型屋面防水卷材的出现，沥青油毡已经被淘汰替代。

新型材主要有两类：一类是高聚物改性沥青卷材，如 SBS 改性沥青卷材 1，APP改性沥青卷材 2，OMP 改性沥青卷材等 3；另一类是合成高分子卷材，如三元乙丙橡胶类、聚氯乙烯类、氯化聚乙烯类和改性再生胶类等。新型屋面防水材料的施工方法和要求虽各不相同，但在构造处理上都是相类似的。

---

1 SBS 改性沥青是以基质沥青为原料，加入一定比例的 SBS 改性剂，通过剪切、搅拌等方法使SBS 均匀地分散于沥青中，同时，加入一定比例的专属稳定剂，形成 SBS 共混材料，利用 SBS 良好的物理性能对沥青做改性处理。

2 APP 改性沥青防水卷材是以聚酯毡或玻纤毡为胎基，无规聚丙烯（APP）或聚烯烃类聚合物（APAO、APO）作改性沥青为浸涂层，两面覆以隔离材料制成的防水卷材，聚酯胎卷材厚度分为3mm和4mm。与 SBS 改性沥青防水卷材相比，APP 改性沥青防水卷材具有更好的耐高温性能，更适宜用于炎热地区。

3 OMP 改性沥青卷材以聚乙烯膜为胎基的改性沥青防水卷材，有其独特的功效，它以 300％以上的"超常"延伸率,对于结构复杂、沉降不均匀的地下建筑物防水有着特殊的适应性。

1. 卷材防水屋面各构造层次

卷材防水屋面的基本构造包括结构层、找坡层、保温层、找平层、结合层、防水层和保护层（图6-13）。

（1）找平层。卷材防水层应铺设在平整且具有一定整体性的基层上，一般应在结构层或保温层上做15～25mm厚1：2.5水泥砂浆找平层.也可以采用细石混凝土找平层。找平层表面应设置分格缝，分格缝的间距不大于6m，如图6-14所示。

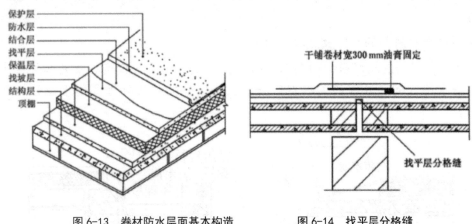

图6-13　卷材防水层面基本构造　　　　　图6-14　找平层分格缝

（2）保温层。根据现行公共建筑节能设计标准，屋面一般都应设置保温层，保温层应根据屋面所需传热系数或热阻选择轻质、高效的保温材料.保温层厚度应根据所在地区现行建筑节能设计标准，经计算确定。

当寒冷地区或其他地区室内湿气有可能透过屋面结构层进入保温层时，应设置隔汽层。隔汽层应设置在结构层上、保温层下，应选用气密性、水密性好的材料沿周边墙面向上连续铺设。高出保温层上表面不得小于150mm。

屋面还需要排气构造，找平层设置的分格缝可兼作排气道，排气道的宽度宜为40mm；排气道应纵横贯通，应与大气连通的排气孔相通，排气孔可设在檐口下或纵横排气道的交叉处。排气道纵横间距宜为6m，屋面面积每36m² 宜设置一个排气孔，排气孔应做防水处理（图6-15）。

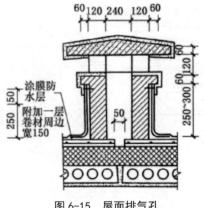

图6-15　屋面排气孔

（3）防水层。屋面卷材防水层是整个屋面构造层次中的核心层次，现在二毡三油、三毡四油等传统普通石油沥青防水卷材已经被淘汰，高聚物改性沥青卷材和合成分子卷材的施工更加清洁，防水效果更好。具体的施工方法有冷粘法、热粘法、热熔法、焊接法、机械固定法等。

（4）保护层。卷材防水层如果裸露在屋顶上，受温度、阳光及氧气等作用容易老化。为保护防水层、增加使用年限，卷材表面须设保护层。上人屋面保护层可采用块体材料、细石混凝土等材料；不上人屋面保护层可采用浅色涂料、铝箔、矿物粒料、水泥秒浆等材料。

2. 卷材防水屋面的檐口及泛水构造

卷材防水屋面的檐口有自由落水、挑檐沟、女儿墙带挑檐沟、女儿墙外排水、女儿墙内排水等。构造处理的关键点：卷材在檐口处的收头处理和雨水口处构造（图6-16）。

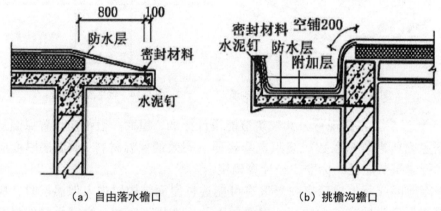

（a）自由落水檐口　　　　　　　　　（b）挑檐沟檐口

图6-16　卷材屋面檐口构造

泛水主要是指屋面防水层与垂直墙相交处的防水构造处理，卷材防水屋面垂直墙处泛水处理应注意屋面与墙面相交处用砂浆做成弧形，防止卷材直角折曲。卷材在墙上至少上翻250mm的高度，并做好收头处理（图6-17）。

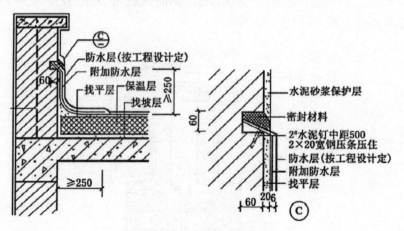

图6-17　女儿墙泛水构造

（二）涂膜防水屋面

涂膜防水是将可塑性和黏合力较强的高分子防水涂料直接涂刷在屋面基层上，形成一层不透水薄膜层的屋面防水类型。主要有乳化沥青、氯丁橡胶类、丙烯酸树脂类等。按涂膜防水原理通常分为两大类：一类是用水或溶剂溶解后在基层上涂刷，水或溶剂蒸发后干燥、硬化；另一类是通过材料的化学反应硬化。涂膜防水屋面构造如图 6-18 所示。

涂膜的基层应为混凝土或水泥砂浆，要求平整、干燥，含水率为 8% ~ 9% 方可施工。涂膜材料有防水性好、黏结力强、延伸性大、耐腐蚀、耐老化、无毒、冷作业、施工方便优点，发展前景很好。

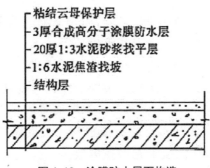

图 6-18　涂膜防水层面构造

（三）其他防水屋面

刚性防水屋面是指以密实性混凝土或防水砂浆等刚性材料作为屋面防水层的防水构造方法，主要是指细石混凝土防水层的屋面。其优点是施工简单、经济。缺点是施工技术要求高，防水层对结构变形敏感，易裂缝而导致漏水。因此，细石混凝土屋面逐渐被新型屋面代替，如金属板平屋面等（图 6-19）。

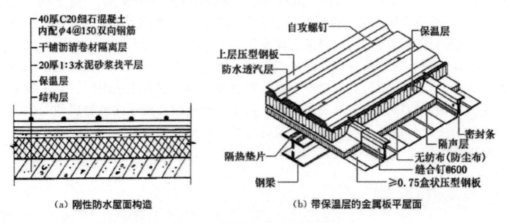

（a）刚性防水屋面构造　　　　（b）带保温层的金属板平屋面

图 6-19　其他类型防水屋面构造

三、平屋顶的保温与隔热

（一）平屋顶保温

为了防止室内热量散失过多、过快，须在围护结构中设置保温层，以满足人们对室温的要求。保温层的构造方案和材料做法是根据使用要求、气候条件、屋顶的结构形式、防水处理方法、施工条件等综合因素来确定。

1. 屋面保温材料

屋面保温材料一般选用空隙多、表观密度小、导热系数小的材料，分为纤维材料、整体材料和板块材料三大类。

（1）纤维材料。聚苯乙烯泡沫塑料、硬质聚氨酯泡沫塑料、膨胀珍珠岩制品、泡沫玻璃制品、加气混凝土砌块、泡沫混凝土砌块等。

（2）整体材料。在结构层上用轻骨料（矿渣、陶粒、蛭石、珍珠岩等）与石灰或水泥拌和浇筑而成。这种保温层可浇筑成不同厚度，可与找坡层结合处理。

（3）板块材料。常见的有水泥、沥青、水坡璃等胶结的预制膨胀珍珠岩板、膨胀蛭石板、加气混凝土块、泡沫塑料等块材或板材。上面做找平层再铺防水层，屋面排水用结构找坡或轻混凝土在保温层下先做找坡层。

2. 屋顶保温层位置

屋顶保温层按照结构层、防水层和保温层所处的位置不同，有以下几种情况。

（1）正铺屋顶保温层。将保温层设在结构层之上、防水层之下，从而形成封闭式保温层的一种屋面做法，目前广泛采用（图6-20）。

保温材料一般为热导率小的轻质、疏松、多孔或纤维材料，如蛭石、岩棉、膨胀珍珠岩等。可以直接使用散料，也可以与水泥或石灰拌和后整浇成保温层，还可以制成板块使用。但用散料或用块材保温材料时，保温层上须设找平层。

（2）倒铺屋顶保温层。将保温层设在防水层之上，为倒置式保温屋面，也称"倒铺法"保温。优点是防水层被掩盖在保温层之下，不受阳光及气候变化的影响，热温差较小，防水层不易受来自外界的机械损伤。屋面保温材料宜采用吸湿性小的憎水材料，如聚苯乙烯泡沫塑料板或聚氨酯泡沫塑料板。加气混凝土或泡沫混凝土吸湿性较强，不宜选用。应在保温层上设保护层，防止表面破损和延缓保温材料的老化，保护层应选择有一定荷载并足以压住保温层的材料，使保温层在下雨时不致漂浮，可选择大粒径的石子或混凝土做保护层，不能用绿豆砂（图6-21）。

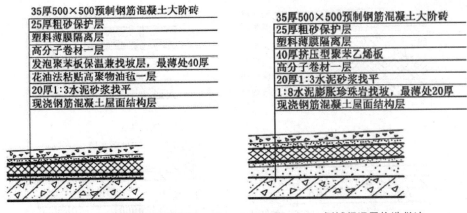

| 35厚500×500预制钢筋混凝土大阶砖 |
| 25厚粗砂保护层 |
| 塑料薄膜隔离层 |
| 高分子卷材一层 |
| 发泡聚苯板保温兼找坡层，最薄处40厚 |
| 花油法粘贴高聚物油毡一层 |
| 20厚1:3水泥砂浆找平 |
| 现浇钢筋混凝土屋面结构层 |

| 35厚500×500预制钢筋混凝土大阶砖 |
| 25厚粗砂保护层 |
| 塑料薄膜隔离层 |
| 40厚挤压型聚苯乙烯板 |
| 高分子卷材一层 |
| 20厚1:3水泥砂浆找平 |
| 1:8水泥膨胀珍珠岩找坡，最薄处20厚 |
| 现浇钢筋混凝土屋面结构层 |

图 6-20　正铺保温层构造做法　　　　　图 6-21　倒铺保温层构造做法

（3）保温层与结构层组合复合板材屋顶保温层。这种板材既是结构构件，又是保温构件，一般有两种做法：一种为槽板内设置保温层［图6-22（a），（b）］，这种做法可减少施工工序，提高工业化水平，但成本偏高，把保温层设在结构层下面会产生内部凝结水，降低保温效果；另一种为保温材料与结构层融为一体，如加气的配钢筋混凝土屋面板二［图6-22(c)］，这种构件既能承重，又能达到保温效果，施工过程简化，低成本，但其板的承载力较小，耐久性较差，适用于标准较低且不上人的屋顶。

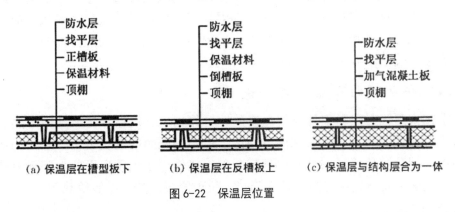

（a）保温层在槽型板下　　　（b）保温层在反槽板上　　　（c）保温层与结构层合为一体

图 6-22　保温层位置

（4）冷屋顶保温体系。防水层与保温层之间设空气间层的保温屋面。空气间层的设置使室内采暖的热量不直接影响屋面防水层，称为"冷屋顶保温体系"，这种做法的保温屋顶，平屋顶和坡屋顶均可采用。

平屋顶的冷屋顶保温做法常用垫块架空预制板，形成空气间层，在上面再做找平层和防水层。其空气间层的主要作用是带走穿过顶棚和保温层的蒸汽及保温层散发出来的蒸汽，并防止水的凝结。此外还可带走太阳辐射热通过屋面防水层传下来的部分热量。平屋顶冷屋面保温构造如图 6-23 所示。

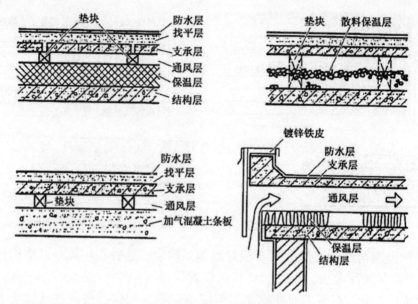

图 6-23　平屋顶冷屋面保温构造

3. 隔汽层的设置

当严寒地区屋面结构冷凝界面内侧实际具有的蒸汽渗透阻小于所需值，或其他地区室内湿气有可能透过屋面结构层进入保温层时，应设置隔汽层。隔汽层应设置在结构层的保温层下，选用气密性，水密性好的材料，隔汽层沿周边墙面向上连续铺设，高出保温层上表面不得小于150mm。

（二）平屋顶的隔热降温措施

夏季在太阳辐射热和室外空气温度的综合作用下，从屋顶传入室内的热量要比从墙体传入室内的热量多，尤其在南方地区，屋顶的隔热问题更突出，须从构造上采取隔热措施。屋顶隔热降温的基本原理是减少直接作用于屋顶表面的太阳辐射热隔热降温的构造做法主要有通风隔热、蓄水隔热、反射降温隔热、植被隔热等。

1. 通风隔热

通风隔热屋面就是在屋顶中设置通风间层，其上层表面可遮挡太阳辐射热，由于风压和热压作用把间层中的热空气不断带走，使下层板面传至室内的热量大为减少，以达到隔热降温的目的。通风间层通常有两种设置方式，一种是在屋面上的架空通风隔热，另一种是利用顶棚内的空间通风隔热。

（1）架空通风隔热。在屋面防水层上用适当的材料或构件制品做架空隔热层，如图 6-24 所示。这种屋面既能达到通风降温、隔热防晒的目的，又可以保护屋面防水层。

（2）顶棚通风隔热。利用顶棚与屋顶之间的空间做通风隔热层，一般在屋面板下吊顶棚，檐墙上开设通风口，顶棚通风隔热屋面如图 6-25 所示。

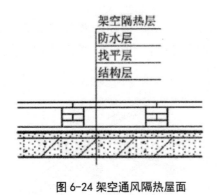

图 6-24 架空通风隔热屋面

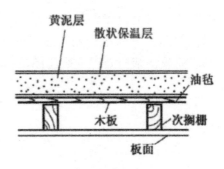

图 6-25 顶层通风隔热屋面

2. 蓄水隔热

蓄水屋面是在平屋顶上蓄一层水来吸收大量太阳辐射热和室外气温的热量。水可以减少屋顶吸收热能，达到降温隔热的目的。水面还可反射阳光，减少阳光对屋顶的直射作用，水层对屋面还可以起到保护作用。混凝土防水屋面在水的养护下，可以减轻由于温度变化引起的裂缝和延缓混凝土的碳化。蓄水屋面既可隔热，又能减轻防水层的裂缝，提高耐久性，在南方地区采用较多（图 6-26）。

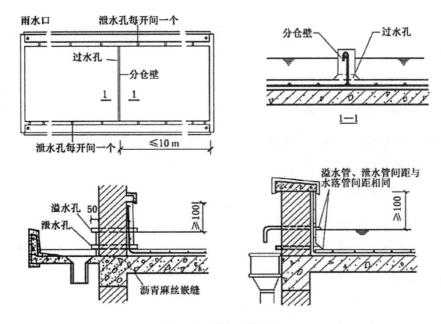

图 6-26 蓄水隔热屋面

3. 反射降温隔热

屋面受到太阳辐射后，一部分辐射热量被屋面材料所吸收，另一部分被反射出去。色浅而光滑的表面比色深而粗糙的表面具有更大的反射率。采用浅颜色的砾石铺面，或在屋面上涂刷一层白色涂料，对隔热降温均可起显著作用，如铝箔反射屋面（图 6-27）。

4. 植被隔热

在屋面防水层上覆盖种植土，种植各种绿色植物，利用植物的蒸发和光合作用，吸收太阳辐射热，可以达到隔热降温的作用。这种屋面利于美化环境、净化空气，但增加了屋顶荷载，结构处理复杂（图6-28）。

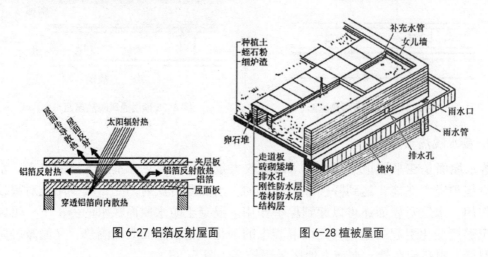

图 6-27 铝箔反射屋面　　　　　图 6-28 植被屋面

第四节　坡屋顶构造

一、坡屋顶的组成

坡屋顶由承重结构、屋面和顶棚等部分组成，根据使用要求不同，有时还需增设保温层或隔热层等。

（一）承重结构

承重结构主要承受作用在屋面上的各种荷载，并把它们传到墙或柱上。坡屋顶的承重结构一般由椽条、檩条、屋架或大梁等组成。

（二）屋面

屋面是屋顶的上覆盖层，直接承受风、雨、雪和太阳辐射等大自然的作用。它包括屋面覆盖材料和基层材料，如挂瓦条、屋面板等。

（三）顶棚

顶棚是屋顶下面的遮盖部分，可使室内上部平整，起反射光线和装饰作用。

（四）保温层或隔热层

保温层或隔热层可设在屋面层或顶棚处。

二、坡屋顶的承重结构

坡屋顶与平屋顶相比坡度较大，承重结构的顶面是斜面。承重结构系统可分为传墙承重、梁架承重和屋架承重等。

（一）砖墙承重（硬山搁檩）

横墙间距过小（不大于 4m）且具有分隔和承重功能的房屋，可将横墙顶部做成坡形支承檩条，即为专墙承重，这类结构形式也叫硬山搁檩（图 6-29）。

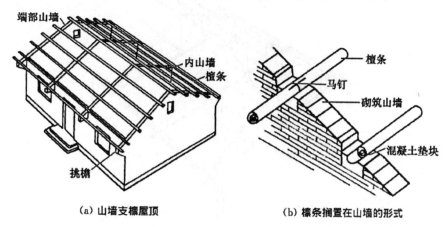

(a) 山墙支承屋顶　　　　(b) 檩条搁置在山墙的形式

图 6-29　山墙支承檩条

（二）梁架承重

梁架承重是我国传统的承重结构形式，它由柱和梁组成排架，檩条置于梁间承受屋面荷载并将各排架连成一完整骨架。内外墙体均填充在骨架之间，仅仅起分隔和围护作用，不承受荷载，梁架交接点为榫齿结合，整体性和抗震性较好。这种结构形式的梁受力不够合理，梁截面需要较大，总体耗木料较多，耐火以及耐久性差，维修费用高，现在已很少采用（图 6-30）。

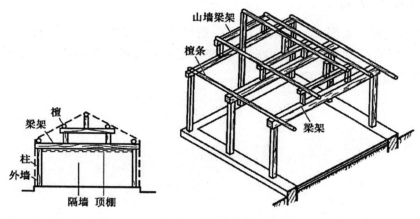

图 6-30　梁架结构

（三）屋架承重

在屋顶承重结构中的桁架称为屋架（图 6-31）。屋架可根据排水坡度和空间要求，组成三角形、梯形、矩形、多边形。屋架中各杆件受力合理，杆件截面较小，能获得较大的跨度和空间。木质屋架跨度可达 18m，钢筋混凝土屋架跨度可达 24m，钢屋架跨度可达 26m 以上。采用纵墙承重体系，还可将屋架制成三支点或四支点，以减小跨度，节约材料。

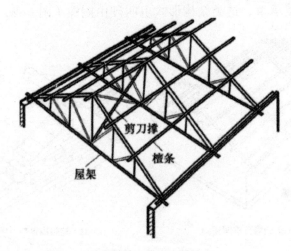

图 6-31 屋架结构

三、坡屋顶的屋面构造

坡屋顶的屋面坡度较大，可采用各种小尺寸的瓦材相互搭盖来防水。由于瓦材尺寸小、强度低，不能直接搁置在承重结构上，需在瓦材下面设置基层将瓦材连接起来，构成屋面。因此，坡屋顶屋面一般由基层和面层组成。工程中常用的面层材料有平瓦、油毡瓦、压型钢板等，屋面构造一般由檩条、椽条、木望板、挂瓦条等组成。

（一）平瓦屋面

平瓦有黏土瓦、水泥瓦、琉璃瓦等，一般尺寸为：长 380 ~ 420mm，宽 240mm，净厚 20mm，适宜的排水坡度为 20% ~ 50%。根据基层的不同做法，平瓦屋面有下列不同的构造类型。

第七章 门与窗

本章主要讲述的是门、窗的分类及作用；掌握平开门、窗的组成和各部分构造；了解塑钢窗，铝合金门、窗的组成和基本构造原理。

第一节 门、窗的作用与分类

一、门窗的作用

门和窗是建筑物的重要组成部分，也是主要围护构件之一。门和窗虽不具备结构方面的功能，但对保证建筑物正常、安全、舒适地使用有很大的作用。

门的主要作用是交通联系、紧急疏散，兼有采光、通风的作用。窗的主要作用是采光、通风、接受日照和供人眺望；门和窗位于外墙时，作为建筑物外墙的组成部分，对于建筑立面装饰和造型起着非常重要的作用。因此，门和窗除了要满足隔声保温、开启灵活、关闭紧密、坚固持久、便于清洗、造型美观等要求外，还要尽量符合建筑模数等方面的要求。

二、门的分类

（一）按门在建筑物中所处的位置分类

分为内门和外门。内门位于内墙上，有分隔空间及隔声、隔视线的作用。外门位于外墙上，作用是围护、保温、隔热、隔声、防风雨等。

（二）按门的材料分类

分为木门、铝合金门、塑钢门、钢门、玻璃门及混凝土门等。木门、铝合金门、塑钢门、玻璃门自重轻、开启方便、外观精美、加工方便，在民用建筑中被大量采用，混凝土门主要用于人防工程等特殊场合。

（三）按门的使用功能分类

分为普通门和特殊门。普通门满足人们最基本的通行、分隔、保温等要求。特殊门则满足防盗、防火、防爆等特殊要求。

（四）按门扇的开启方式分类

分为平开门、弹簧门、推拉门、折叠门、旋转门、卷帘门等（图7-1）。

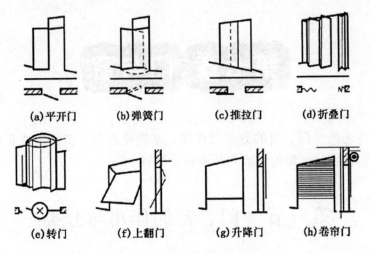

| (a)平开门 | (b)弹簧门 | (c)推拉门 | (d)折叠门 |
| (e)转门 | (f)上翻门 | (g)升降门 | (h)卷帘门 |

图7-1　按门的开启方式分类

1. 平开门

门扇与门框用钱链连接，较链安装在侧边，门扇水平开启，有单扇、双扇；内开、外开之分。安全疏散门一般外开，开向疏散方向；普通房间门一般向房间内开，以免妨碍交通。平开门构造简单、开启灵活，安装和维修方便，是建筑中使用最广泛的门。

2. 弹簧门

门扇与门框用弹簧较链连接，门扇水平开启，可单向或内外弹动，开启后可自动关闭，适用于人流较多或有自动关闭要求的建筑，如商店、医院、会议厅等。弹簧门一般应安装玻璃，以免相互碰撞。弹簧门可以分为单面弹簧、双面弹簧、地弹簧。幼儿园、托儿所等建筑中不宜采用弹簧门。

3. 推拉门

门扇沿设置在门上部或下部的轨道左右滑移来开合，有单扇和双扇之分，有普通推拉门、电动及感应推拉门等，推拉门开启时不占空间，受力合理，不易变形，多用作分隔室内空间的轻便门和公共建筑的外门。

4. 折叠门

门扇由一组宽度约为600mm的窄门扇组成，窄门扇之间用较链连接。简单的折叠门，可以只在侧边安装较链，复杂的还要在门的上边或下边装导轨及转动五金配件。开启时，窄门扇相互折叠推移到侧边，构造复杂，占空间少，适用于宽度较大的门。

5. 旋转门

门扇由三扇或四扇通过中间的竖轴组合起来，在两侧的弧形门套内水平旋转来实现启闭。转门不论是否有人通行，均有门扇隔断室内外，对防止室内外空气对流有一定的作用，有利于室内的保温、隔热和防风沙。对建筑立面有较强的装饰性，适用于室内环境等级较高的公共建筑的大门，但其通行能力差，不能作为安全疏散门，需和弹簧门、平开门等组合使用。

6. 卷帘门

门扇由多片经冲压成型的金属页片相互连接而成，在门洞上部设置卷轴，通过将门帘上卷或放下来开关门洞口，特点是开启时不占使用空间，但加工制作复杂，造价较高，适用于商场、车库等建筑的大门。

三、窗的分类

（一）按窗扇的开启方式分类

分为固定窗、平开窗、推拉窗、悬窗、立转窗、百叶窗等（图7-2）。

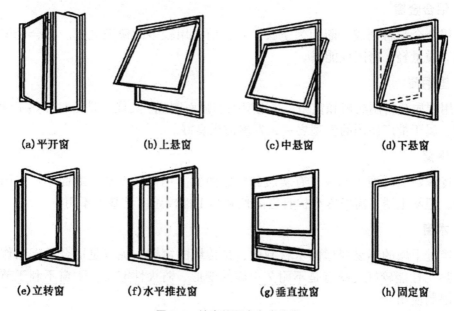

(a)平开窗　(b)上悬窗　(c)中悬窗　(d)下悬窗

(e)立转窗　(f)水平推拉窗　(g)垂直拉窗　(h)固定窗

图7-2 按窗的开启方式分类

1. 固定窗

固定窗是将玻璃直接镶嵌在窗框上，不设可活动窗扇，只有采光、眺望的功能，不能开启通风，构造简单，密闭性好。

2. 平开窗

平开窗是将玻璃安装在窗扇上，窗扇一侧用较链与窗框相连，窗扇可向外或向内水平开启，在建筑中应用最广泛。

3. 推拉窗

窗扇沿着导轨或滑槽推拉开启，有水平推拉窗和竖直提拉窗两种。其中水平推拉窗是常用的开启方式。推拉窗开启后不占室内空间，窗扇的受力状态好、构造简单、安全可靠，窗扇尺寸可较大，但通风面积受限制．多用于铝合金窗和塑钢窗。

4. 悬窗

窗扇绕水平轴转动的窗为悬窗，按照旋转轴的位置不同，可分为上悬窗、中悬窗和下悬窗。上悬窗和中悬窗向外开，防雨、通风效果好，开启方便，常用作门上的亮子和大面积幕墙中。下悬窗防雨性较差，且开启时占用较多的室内空间，多用于有特殊要求的房间。绕垂直中轴转动的窗为立转窗，这种窗通风效果好，但安装纱窗不便。

5. 百叶窗

一般用塑料、金属或木材等制成小板材，可以旋转开合、收拢，但采光率低，主要用作遮阳和通风。

（二）按窗的框料材质分类

分为有铝合金窗、塑钢窗、钢窗、木窗等。

1. 铝合金窗

采用合金钢材制成，断面为空腹，是目前应用较多的窗型之一。铝合金窗颜色外观精美、质量轻、密闭性能好。

2. 塑钢窗

采用硬质塑料制成窗和窗扇，并用型钢加强而制成。其优点是密封和热工性能好、耐腐蚀，属于推广使用的窗型之一，发展前景良好。

3. 钢窗

用特殊断面的型钢制成，有实腹和空腹两类。钢窗强度高、断面小、坚固耐久、挡光少，但易生锈，需经常维护且密闭性和热工性较差，已基本不用。

4. 木窗

用经过干燥的不易变形的木材制成，是传统的窗型，优点是适合手工制作、构造简单、热工性能较好。缺点是不耐久、容易变形、防火性能差。木窗不利于节能，国家已经限制使用。

（三）按窗的层数分类

分为单层、双层及双层中空玻璃窗等形式。单层窗构造简单、造价低，多用于一般建筑中。双层窗的保温、隔声、防尘效果好，用于对窗有较高功能要求的建筑中。双层中空玻璃窗由 4 ~ 12mm 双层中空玻璃装在一个窗扇上制成，其保温、隔声性能良好，是目前节能型窗的首选类型。

（四）按窗所选用的玻璃分类

分为普通平板玻璃、磨砂玻璃、压花玻璃、双层中空玻璃、三层中空玻璃、吸热玻璃、钢化玻璃等类型。普通平板玻璃生产简单、经济实用，目前使用最多，单块玻璃可选用 3mm、5mm、7mm 等厚度，磨砂玻璃或压花玻璃可以遮挡或模糊视线。双层中空玻璃可以提高保温及隔声效果，为了提高强度和使用安全，可采用夹丝玻璃、钢化玻璃及有机坡璃。为了防晒，可选用吸热和热反射玻璃。

第二节 门的构造

一、门的组成和尺度

（一）门的组成

门一般由门框、门扇、腰窗、五金零件以及附件组成（图7-3）。门框是门与墙体的连接部分，由门框上槛、门楼边框、中横框和中竖框组成。门扇一般由上、中、下冒头和边梃组成骨架，中间固定门芯板。腰窗俗称亮子、气窗，在门的上方，其主要作用是辅助采光和通风，五金零件包括铰链、插销、门锁、拉手等，附件有贴脸板等。

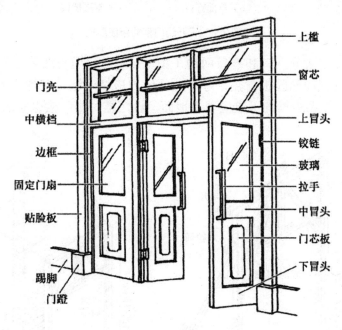

图 7-3　门的组成

（二）门的尺度

门的尺度是指门洞的高宽尺寸，应满足人流疏散，搬运家具、设备的要求，并应符合《建筑模数协调标准》（GB/T50002-2013）的规定。一般情况下，门保证通行的高度不小于2100mm，当门的上方设亮子时，应加高300～600mm。门的宽度应满足一个人通行，并考虑必要的间隙，一般为700～1000mm，通常设置为单扇门。当需要设置双扇门时，门宽一般为1200～1800mm。对于人流量较大的公共建筑的门，其宽度应满足疏散要求，可设置两扇以上的门并可以视需要适当提高高度。辅助房间（如储藏室、厕所、浴室等）的门宽度较窄，一般为700～800mm。

二、平开木门构造

（一）门框

门框的断面形状与尺寸取决于门扇的开启方式和门扇的层数。由于门框要承受各种撞击和自身的重量，应有足够的强度和刚度，平开门门框的断面形式及尺寸如图 7-4 所示。

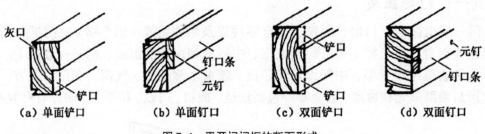

（a）单面铲口　　　　（b）单面钉口　　　　（c）双面铲口　　　　（d）双面钉口

图 7-4　平开门门框的断面形式

门框的安装方法分立口和塞口两种（图 7-5）。门框与墙体之间的缝隙一般用面层砂浆直接填塞或用贴脸板封盖，寒冷地区缝内应填毛毡、矿棉、沥青麻丝或聚乙烯泡沫塑料等。门框两边框的下端应埋入地面，设门槛时，门槛也应部分埋入地面。

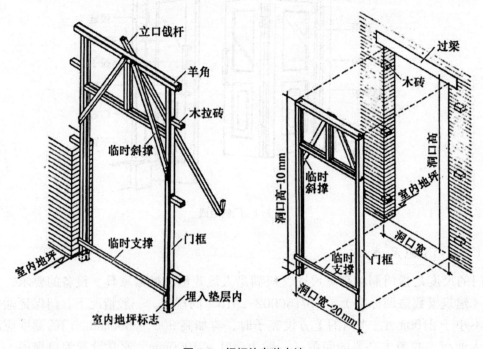

图 7-5　门框的安装方法

门框在洞口中的位置，根据门的开启方式不同分为外平、居中和内平三种（图 7-6）。一般多与门扇开启方向一侧平齐，以便门扇开启后能贴近墙面。为了美观，门框与墙体的接缝处应用木压条盖缝，装修标准较高时，还可加设筒子板和贴脸（门套）。

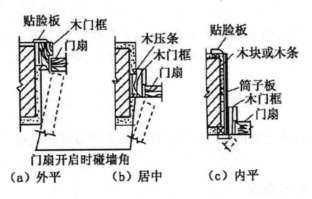

图 7-6 门框在洞口中的位置

(二) 门扇

木门扇按门板的材料分为镶板门、全玻璃门、半玻璃门、纱门、百叶门、拼板门、夹板门等类型（图 7-7）。

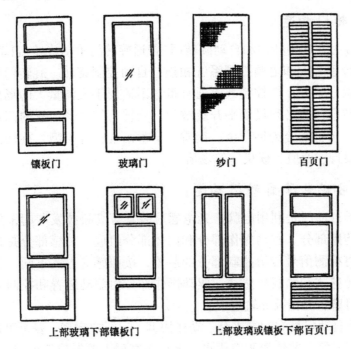

图 7-7 门扇的类型

1. 镶板门

镶板门由上、中、下冒头和边梃组成骨架，中间镶嵌门芯板，门芯板可采用 15mm 厚的木板拼接而成，也可采用细木工板、硬质纤维板或坡璃等。

2. 拼板门

拼板门的构造与镶板门相同，由骨架和拼板组成，拼板用 35 ~ 45mm 厚的木板拼接而成，自重较大，但坚固耐久，多用于库房、车间的外门。

3. 夹板门

夹板门是用小截面的木条（35mmX50mm）组成骨架，在骨架的两面铺钉胶合板或纤维板等，夹板门构造简单，自重轻、外形简洁，但不耐潮湿，多用于干燥环境中的内门。

（三）腰窗

腰窗构造同窗构造基本相同，一般采用中悬开启方法，也可用上悬、平开及固定窗形式。

（四）门的五金零件

门的五金零件主要有钱链、门锁、插销、拉手、门吸等。在选择时，铁链需特别注意强度，防止变形，影响门的使用，拉手须结合建筑装修进行选型。

三、其他形式门构造

（一）旋转门构造

旋转门可分为普通旋转门和自动旋转门。普通旋转门手动旋转，自动旋转门用声波、微波或红外线传感装置和电脑控制系统相连，自动控制旋转。旋转门构造复杂，结构严密，防风保温效果好，能控制人流通行量，不适用于人流量大的场所，不能作为疏散门使用。旋转门两边必须设置平开疏散门，旋转门按圆形门罩内门扇的数量分为三扇式和四扇式；按材质分为铝合金、钢质、钢木结合三种类型。旋转门多设置在高档宾馆、酒店、银行、商厦、候机厅等场所。

（二）感应式电子自动门构造

感应式电子自动门是利用电脑、光电感应装置等高科技发展起来的一种新型高级自动门。它由传感部分、驱动操作部分和门体部分组成。传感部分是自动检测人体或通过人工操作将检测信号传给控制部分的装置，按照感应方式不同，感应式电子自动门可分为探测传感式和踏板传感式。驱动操作部分由驱动装置和控制装置构成。门体部分由门框、门扇、门楣及导轨组成。

感应式电子自动门具有运行平稳、动作协调、运行效率高、安全可靠、密闭性好、自动启闭、使用方便、节约能源等优点，多用于高层大厦等建筑外门。

全玻璃无框门通常采用10mm以上厚度的平板玻璃、钢化玻璃板，按照一定规格加工后直接用作全玻璃无框门的玻璃门。坡璃的上部及下部用装饰框或直接用夹子固定，安装时地面须埋设地弹簧。全坡璃无框门区别于铝合金门、塑钢门等普通门最大的特点是它的门扇（玻璃）周边没有固定的边框。全玻璃无框门几乎是全透明的，因此其采光性好，可以任意组合使用。一般用于商场、酒店、办公等场所。

第三节　窗的构造

一、窗的组成和尺度

（一）窗的组成

窗一般由窗框、窗扇和五金零件组成（图7-8）窗扇通过五金零件固定于窗框上，窗框是窗与墙体的连接部分，由上框、下框、边框、中横框和中竖框组成。窗扇是窗的主体部分，分为活动扇和固定扇两种，一般由上冒头、下冒头、边梃和窗芯组成骨架，中间固定玻璃、窗纱或百叶。五金零件包括铰链、插销、风钩、拉手、轨道、滑轮等。当建筑的室内装修标准较高时，窗洞口周围可增设贴脸、筒子板、压条、窗台板等附件。

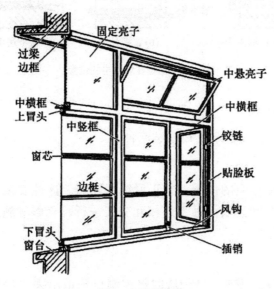

图 7-8　窗的构造

（一）窗的尺度

窗的尺度应根据采光、通风的需要来确定，兼顾建筑造型和《建筑模数协调标准》（GB/T50002-2013）的要求。按照门窗工业化定型生产及建筑模数要求，窗洞口尺寸宜采用3M模数系列尺寸。当洞口尺寸较大时，可进一步优化窗扇的组合。

二、窗的位置和安装

（一）窗在墙洞中的位置

窗在墙洞中的位置主要根据房间的使用要求和墙体的厚度来确定。

1. 窗框内平

窗框内表面与墙体装饰层内表面相平,窗扇开启时紧贴墙面,不占室内空间[图7-9(a)]。

2. 窗框外平

这样做增加了内窗台的面积,但窗框的上部易进雨水,需在洞口上方加设雨篷,提高防水性能[图7-9(b)]。

3. 窗框居中

窗框位于墙厚的中间或偏向室外一侧,下部留有内外窗台以利于排水[图7-9(c)]。

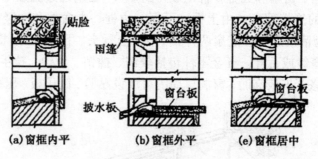

图 7-9　窗框在墙洞中的位置

(二) 窗框的安装

窗框的安装分为立口安装和塞口安装两种。

1. 立口安装

砌墙时将窗框立在相应的位置,找正后继续砌墙。这种安装方法能使窗框与墙体连接紧密,但安装窗框和砌墙两种工序相互交叉进行,会影响施工进度,且窗框在施工过程中容易受损。

2. 塞口安装

塞口安装又称后立口安装.是砌墙时将窗洞口预留出来,预留的洞口一般比窗框外尺寸大30~40mm的空隙,当整幢建筑的墙体砌筑完工后,再将窗框塞入洞口固定。这种安装方法窗框与墙体之间的缝隙较大,应加强牢固性和对缝隙的密闭处理。目前,铝合金窗、塑钢窗等多采用塞口法进行安装,安装前用塑料保护膜包裹窗框,以防止施工中损害成品。

三、铝合金窗构造

以铝合金型材来做窗框和窗扇,重量轻、强度高、耐腐蚀、密封性较好、开闭轻便灵活、便于工业化生产。其框料还可通过表面着色、涂膜处理等获得多种色彩和花纹,具有良好的装饰效果,是建筑中使用的基本窗型。

铝合金窗多采用水平推拉式的开启方式,窗扇在窗框的轨道上滑动开启,窗扇与窗框之间用尼龙密封条进行密封，以避免金属材料间的相互摩擦。玻璃用专用密封条嵌固，卡在铝合金窗框料的凹槽内，并用橡胶压条固定（图7-10）。

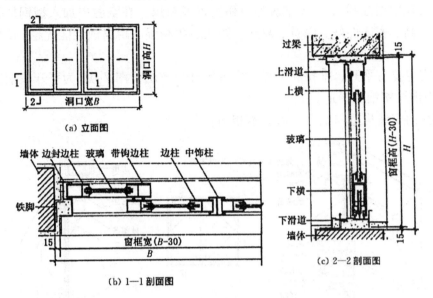

图 7-10　铝合金窗构造

　　窗框的安装一般采用塞口法。框与堵之间的缝隙大小视面层材料而定。一般情况下洞口做抹灰处理，其间隙不小于20mm。洞口采用石材、陶瓷面石专等贴面时，间隙可增大到35～45mm。并保证面层与框垂直相交处正好与窗扇边缘相吻合，不能将框遮盖。框体与墙体之间用预埋铁件、燕尾铁脚、膨胀螺栓、射钉固定等方式连接（图7-11）。

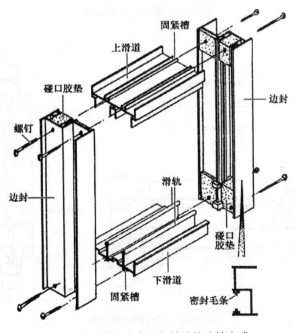

图 7-11　铝合金窗框与墙体的连接方式

四、塑钢窗构造

塑钢窗是用增强塑料 PVC 空腹型材做窗框及窗扇，在空腔中加入型钢加强的窗。塑钢窗强度高、密闭性好、隔音、隔热、防火、耐潮湿、耐腐蚀性能优越.使用耐久，应用广泛。

塑钢窗主要有平开、推拉和上悬、中悬等开启方法，图 7-12 为平开塑钢窗构造，图 7-13 为推拉塑钢窗构造。

塑钢窗的安装构造与铝合金窗基本相同。

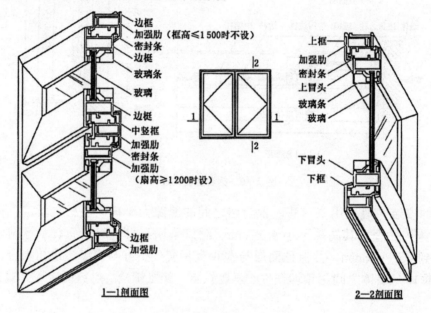

图 7-12　平开塑钢窗构造

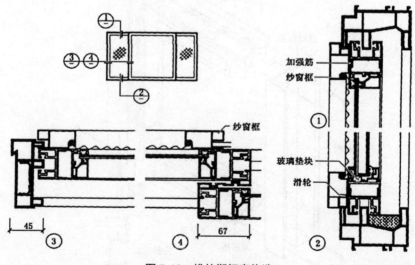

图 7-13　推拉塑钢窗构造

第八章 变形缝

本章主要讲述了建筑物变形缝的概念及分类：掌握变形缝的作用、设置原则及各类变形缝的宽度要求；了解变形缝在各种位置的构造处理方法。

第一节 变形缝的种类及设置原则

为防止建筑物在温度变化、地基不均匀沉降和地震等外界因素的作用下产生变形、开裂和破坏，在设计时预先将建筑物分成若干个独立的部分，使各部分能自由变形，这种将建筑物垂直分开的预留缝隙称为变形缝。

一、变形缝的种类

变形缝根据建筑物使用特点、结构形式、建筑材料及外界条件等，分为伸缩缝、沉降缝和防震缝三类。

（一）伸缩缝

又称温度缝，建筑在受到温度变化的影响时，将发生热胀冷缩的变形，这种变形受到约束，就会在房屋的某些构件中产生应力，导致其破坏。沿建筑物长度方向每隔一定距离或在结构变化较大处预留伸缩缝，将建筑物基础以上部分断开。基础因为受到温度变化的影响较小，不需断开。

（二）沉降缝

为防止建筑物因地基不均匀沉降引起破坏而设置的缝隙。沉降缝把建筑物分成若干个整体刚度较好，自成沉降体系的结构单元，以适应不均匀的沉降。沉降缝可兼伸缩缝的作用，但伸缩缝不能代替沉降缝，沉降缝在基础处需断开。

（三）防震缝

针对地震时容易产生集中应力引起建筑物结构断裂而设置的缝隙。对于地震烈度在 6～9 度的地震区，当房屋体型比较复杂时，如 L 形、T 形、工字形等，为防止建筑物各部分在地震时相互撞击引起破坏，抗震缝将建筑物划分成若干体型简单、结构刚度均匀的独立单元，以利于抗震。

二、变形缝设置的原则

（一）伸缩缝

伸缩缝的设置根据建筑物长度、结构类型和屋盖刚度以及屋面是否设保温或隔热层来考虑。最大间距为 50 ~ 75m，缝宽为 20 ~ 30mm，从基础顶部开始，将墙、楼板、屋顶全部断开。设计时应根据规范的规定设置（表 8-1、表 8-2）。

（二）沉降缝

沉降缝设置在平面形状复杂、同一建筑物相邻部分的层数相差两层以上或层高相差超过 10m、建筑物相邻部位荷载差异较大、连接部位比较薄弱处。为保证缝两侧单元上下变形的自由度，沉降缝要从基础底部到屋面全部断开。沉降缝宽度与地基和建筑高度有关，一般为 30 ~ 70mm，可与伸缩缝合并使用，沉降缝的盖封条是断开的。设计时应根据规定设置（表 8-3）。

表 8-1 砌体房屋伸缩缝的最大间距　　　　　　　　　单位：m

砌体类别	屋顶或楼层板的类别		间距
各种砌体	整体式或装配整体式钢筋混凝土结构	有保温层或隔热层的屋顶、楼板层	50
		无保温层或隔热层的屋顶	40
	装配式无檩体系钢筋混凝土结构	有保温层或隔热层的屋顶、楼板层	60
		无保温层或隔热层的屋顶	50
	装配式有檩体系钢筋混凝土结构	有保温层或隔热层的屋顶、楼板层	75
		无保温层或隔热层的屋顶	60
黏土砖空心砖砌体	黏土瓦或石棉水泥瓦屋面木屋顶或楼板层砖石屋顶或楼板层 80　75		100
石砌体			
硅酸盐砌体和混凝土砌块砌体			

表 8-2 钢筋混凝土结构伸缩缝的最大间距　　　　　　　单位：m

结构类型		室内或土中	露天
排架结构	装配式	100	70
框架结构	装配式	75	50
	现浇式	55	35
剪力墙结构	装配式	65	40
	现浇式	45	30
挡土墙、地下室墙等结构	装配式	40	30
	现浇式	30	20

表 8-3　沉降缝的宽度

地基情况	建筑物高度	沉降缝的宽度 /mm
一般地基	<5m	30
	5 ～ 10 m	50
	10 ～ 15m	70
软弱地基	2 ～ 3 层	50 ～ 80
	4 ～ 5 层	80 ～ 120
	6 层以上	>120
湿陷性黄土地基		≥ 30 ～ 70

（三）防震缝

在变形敏感部位设缝，将建筑物分为若干个体型规整、结构单一的单元，防止在地震波的作用下互相挤压、拉伸，造成变形破坏。

防震缝的宽度，在多层砖混结构中按抗震设防烈度的不同取 50 ～ 100mm；在多层钢筋混凝土框架结构建筑中，建筑物的高度不超过 15m 时防震缝宽度设为 70mm。当建筑物高度超过 15m 时，防震缝缝宽设置见表 8-4。

表 8-4　防震缝的宽度

抗震设防烈度	建筑物高度增加值 /m	缝宽增加值
6 度	5	在 70mm 的基础上增加 20mm
7 度	4	在 70mm 的基础上增加 20mm
8 度	3	在 70mm 的基础上增加 20mm
9 度	2	在 70mm 的基础上增加 20mm

第二节　变形缝的构造

一、伸缩缝

（一）墙体

伸缩缝的形式有平缝、错口缝（高低缝）、企口缝（凹凸缝），如图 8-1 所示。缝内一般填沥青麻丝或木丝板、油膏、泡沫塑料条、橡胶条等有弹性的防水轻质材料。盖缝处理应保证结构在水平方向自由变形而不破坏，外墙面用镀锌铁皮、彩色薄钢板、铝皮等金属调节片做盖缝处理，内墙面选用金属片、塑料片或木盖缝条覆盖（图 8-2）。

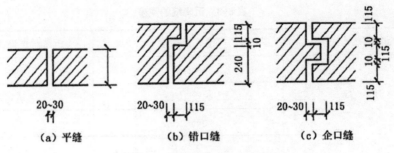

（a）平缝　　　　　　　（b）错口缝　　　　　　　（c）企口缝

图 8-1　砖墙伸缩缝的截面形式

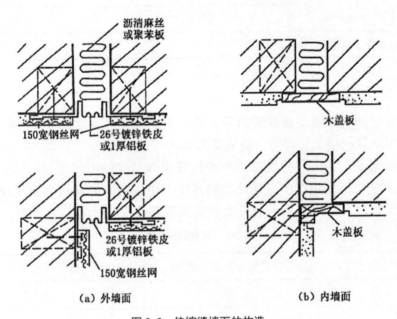

（a）外墙面　　　　　　　　　　　　　（b）内墙面

图 8-2　伸缩缝墙面的构造

（二）楼板和地坪

楼地层伸缩缝的位置与缝宽大小应与墙身和屋顶变形缝一致。常用可压缩变形的材料（如油膏、沥青麻丝、橡胶、金属或塑料调节片等）做封缝处理。上铺活动盖板或橡塑地板（图 8-3、图 8-4）。

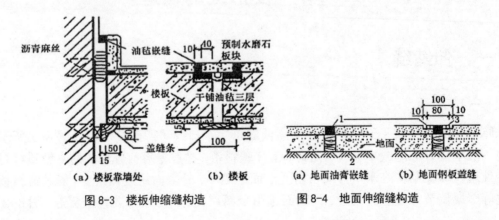

（a）楼板靠墙处　　　　（b）楼板　　　　　　　（a）地面油膏嵌缝　　（b）地面钢板盖缝

图 8-3　楼板伸缩缝构造　　　　　　　图 8-4　地面伸缩缝构造

（三）屋顶

屋面伸缩缝的位置、缝宽大小与墙身和屋顶变形缝一致，处理方式基本相同。特别注意构造要与伸缩缝水平运动趋势协调一致。盖板处因镀锌铁皮和防腐木砖的寿命有限，近年来逐渐采用涂层、涂塑薄钢板、铝皮、不锈钢皮和射钉、膨胀螺钉等来代替（图8-5）。

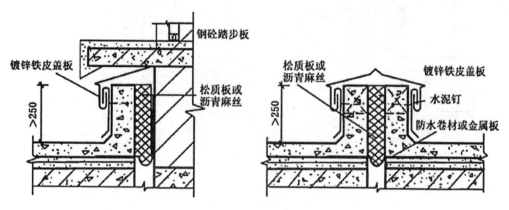

图8-5 屋顶伸缩缝构造

二、沉降缝

（一）墙体

墙体沉降缝的构造与伸缩缝构造基本相同，不同之处是调节片或盖板由两片组成，并且分别固定，保证两侧结构在竖向能各自灵活运动，不受约束（图8-6）。

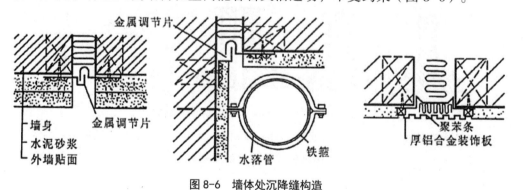

图8-6 墙体处沉降缝构造

（二）屋面

屋面沉降缝的构造与伸缩缝构造的区别主要在于盖缝处理（图8-7）。

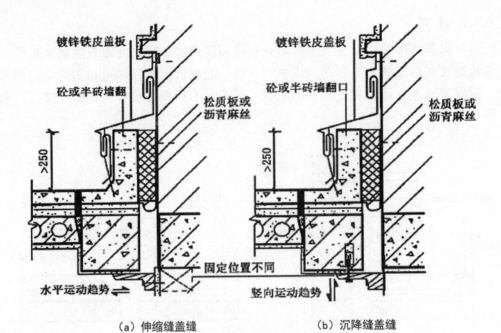

(a) 伸缩缝盖缝　　　　　　　(b) 沉降缝盖缝

图 8-7　屋面处沉降缝与伸缩缝构造区别

（三）基础

基础处沉降缝的处理方式主要有双墙式、挑梁式和交叉式三种。双墙式适用于基础荷载较小的房屋（图 8-8）；挑梁式两侧基础分开较大，相互影响小，适用于沉降缝两侧基础埋深相差较大或新旧建筑毗连时（图 8-9）；交叉式是将沉降缝两侧的基础均做成墙下独立基础，交叉设置，在各自的基础上设置基础梁以支承墙体（图 8-10）。

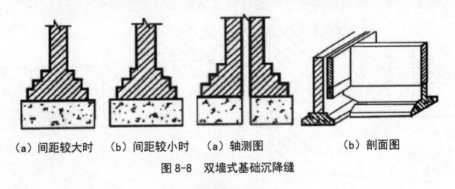

(a) 间距较大时　　(b) 间距较小时　　(a) 轴测图　　　　　(b) 剖面图

图 8-8　双墙式基础沉降缝

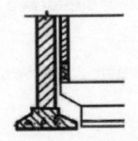

图 8-9　挑梁式基础沉降缝

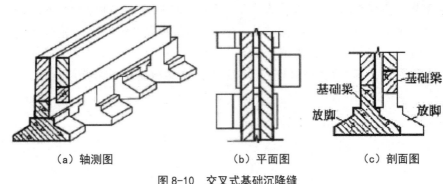

（a）轴测图　　　　　（b）平面图　　　　　（c）剖面图

图 8-10　交叉式基础沉降缝

三、防震缝

防震缝的构造与沉降缝构造基本相同，不同之处是墙面因缝隙较大，一般不作填缝处理，而在调节片或盖板上设置相应材料（图 8-11）。因此，应充分考虑盖缝条的牢固性等，保证两侧结构在竖向和水平两个方向不受约束，能有相对运动的可能。

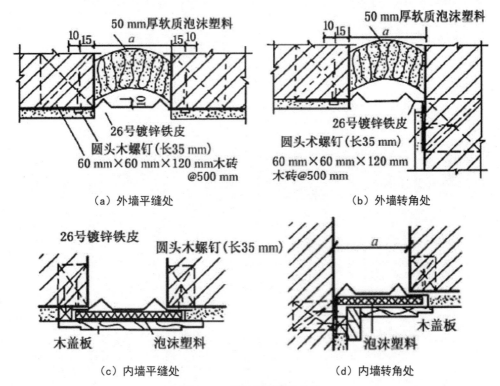

（a）外墙平缝处　　　　　　　　　（b）外墙转角处

（c）内墙平缝处　　　　　　　　　（d）内墙转角处

图 8-11　墙体防震缝的构造

四、不设变形缝对抗变形

不设变形缝对抗变形的主要形式：加强建筑物的整体刚度；附属部分不设基础，由主体部分基础悬挑承重；在高层建筑中常采用后浇板带代替变形缝等。

后浇板带代替变形缝的具体做法：预先留出一段 800-1000mm 宽的缝隙，暂时不浇筑混凝土，缝中钢筋可采用搭接接头。板带两侧结构可以同时开始施工，但应预先计算好两部分的沉降量，以其差值作为两边应在同一平面上的水平构件的标高差值。结构封顶约两周后，其主要沉降量已基本完成，这时将后浇板带浇注成形。

第九章 建筑工程施工图识读基础

通过了解建筑工程施工图的作用和分类，熟悉建筑工程施工图的图示规定、内容和用途，掌握建筑工程施工图常用符号的意义及画法，为后续建筑工程图纸的识读与绘制奠定基础。

一个建筑工程项目，从制订计划到最终建成，必须经过一系列的过程。建筑工程施工图的产生过程，是建筑工程从计划到建成过程中的一个重要环节。

建筑工程施工图是由设计单位根据设计任务书的要求、有关的设计资料、计算数据及建筑艺术等多方面因素设计绘制而成的。根据建筑工程的复杂程度，其设计过程分两阶段设计和三阶段设计两种。一般情况都按两阶段进行设计，对于较大的或技术上较复杂、设计要求高的工程，才按三阶段进行设计。

两阶段设计包括初步设计和施工图设计两个阶段。

初步设计的主要任务是根据建设单位提出的设计任务和要求，进行调查研究、搜集资料，提出设计方案，其内容包括必要的工程图纸、设计概算和设计说明等。初步设计的工程图纸和有关文件只是作为提供方案研究和审批之用，不能作为施工的依据。

施工图设计主要任务是满足工程施工各项具体技术要求，提供一切准确可靠的施工依据，其内容包括所有专业的工程施工基本图、详图及其说明书、计算书证。此外，还应有整个工程的施工预算书。整套施工图纸是设计人员的最终成果，是施工单位进行施工的依据。所以，施工图设计图纸必须详细完整、前后统一、尺寸齐全、正确无误，符合国家建筑制图标准。

当工程项目比较复杂，许多工程技术问题和各工种之间的协调问题在初步设计阶段无法确定时，就需要在初步设计和施工图设计之间插入一个技术设计阶段，形成三阶段设计。技术设计的主要任务是在初步设计的基础上，进一步确定各专业间的具体技术问题，使各专业之间取得统一，达到相互配合协调。在技术设计阶段，各专业均需绘制出相应的技术图纸，写出有关设计说明和初步计算等，为第三阶段施工图设计提供比较详细的资料。

房屋建筑施工图是按建筑设计要求绘制的，用以指导施工的图纸，是建造房屋的依据。工程技术人员必须看懂整套施工图，按图施工，这样才能体现出房屋的功能用途、外形规模及质量安全。因此，识读和绘制房屋施工图是从事建筑专业的工程技术人员的基本技能。

第一节　建筑工程施工图的分类和排序

一、房屋的类型及组成

(一) 房屋的类型（按使用功能分）

（1）民用建筑（居住建筑、公共建筑），如住宅、宿舍、办公楼、旅馆、图书馆等（图9-1）。

（2）工业建筑，如纺织厂、钢铁厂、化工厂等（图9-2）。

（3）农业建筑，如拖拉机站、谷仓等（图9-3）。

图 9-1　民用建筑

图 9-2　工业建筑

图 9-3　农业建筑

（二）房屋的组成

建筑物虽然类型繁多，但一般都是由基础、墙（或柱）、楼（地）面、屋顶、楼梯、门窗等组成的，如图9-4所示。

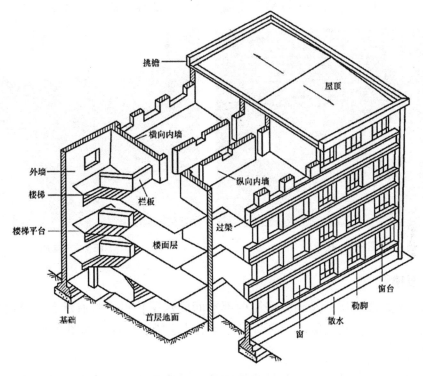

图9-4　房屋的组成

1. 基础

基础位于墙或柱的下部，属于承重构件，起承重作用，并将全部荷载传递给地基，如图9-5所示。

图9-5　条形基础

2. 墙或柱

墙或柱都是将荷载传递给基础的承重构件，如图9-6、图9-7所示。墙还起围成房屋空间和内部水平分隔的作用。墙按受力情况分为承重墙和非承重墙，按位置可分为内墙和外墙，按方向可分为纵墙和横墙。两端的横墙通常称为山墙。

图9-6 柱子　　　　　　　　　　　　　　　　图9-7 墙体

3. 地面楼面

楼面又称为楼板层，是划分房屋内部空间的水平构件，具有承重、竖向分隔和水平支撑的作用，并将楼板层以上的荷载传递给墙（梁）或柱，如图9-8所示。

4. 屋面

屋面一般指屋顶部分。屋面是建筑物顶部承重构件，主要作用是承重、保温隔热和防水排水。它承受着房屋顶部包括自重在内的全部荷载，并将这些荷载传递给墙（梁）或柱，如图9-9所示。

图9-8 楼地面　　　　　　　　　　　　　　图9-9 屋面

5. 楼梯

楼梯是各楼层之间垂直交通设施，为上下楼层用，如图9-10所示。

6. 门窗

门和窗均为非承重的建筑配件。门的主要功能是交通和分隔房间，窗的主要功能是通风和采光，同时还具有分隔和围护的作用，如图9-11所示。

图 9-10 楼梯

图 9-11 门窗

房屋的组成，除了以上六大组成部分外，根据使用功能不同，还设有阳台、雨篷、勒脚、散水、明沟等，如图 9-12 至图 9-15 所示。

图 9-12 阳台

图 9-13 雨篷

图 9-14 勒脚

图 9-15 散水和明沟

二、建筑工程施工图的分类

房屋建筑图按专业分工的不同，通常分为 3 类：

（1）建筑施工图（简称建施）：反映建筑施工设计的内容，用以表达建筑物的总体布局、外部造型、内部布置、细部构造、内外装饰以及一组固定设施和施工要求，包括施工总说明、总平面图，以及建筑平面图、立面图、剖视图和详图等。

（2）结构施工图（简称结施）：反映建筑结构设计的内容，用以表达建筑物各承重构件（如基础、承重墙、柱、梁、板等），包括结构施工说明、结构布置平面图、基础图和构件详图等。

（3）设备施工图（简称设施）：反映各种设备、管道和线路的布置、走向、安装等内容，包括给排水、采暖通风和空调、电气等设备的布置平面图、系统图及详图。

一栋房屋的全套施工图的编排顺序是：图纸目录、建筑设计总说明、总平面图、建施、结施、水施、暖施、电施。各专业施工图的编排顺序是全局性的在前，局部性的在后；先施工的在前，后施工的在后；重要的在前，次要的在后。

（一）图纸首页

在施工图的编排中，将图纸目录、建筑设计说明、总平面图及门窗表等编排在整套施工图的前面，常称为图纸首页。

（二）图纸目录

以本章所附的一套建筑施工图为例，其图纸目录如表 10-1 所示。

读图时，首先要查看图纸目录。图纸目录是查阅图纸的主要依据，包括图纸的类别、编号、图名以及备注等栏目。图纸目录一般包括整套图纸的目录，应有建筑施工图目录、结构施工图目录、给水排水施工图目录、采暖通风施工图目录和建筑电气施工图目录。从图纸目录中可以读出以下资料：

（1）设计单位——某建筑设计事务所。

（2）建设单位——某房地产开发公司。

（3）工程名称——某生态住宅小区 E 型工程住宅楼。

（4）工程编号——设计单位为便于存档和查阅而采取的一种管理方法。

（5）图纸编号和名称——每一项工程会有很多张图纸，在同一张图纸上往往画有若干个图形。因此，设计人员为了表达清楚，便于使用时行阅，就必须针对每张图纸所表示的建筑物的部位，给图纸起一个名称，另外用数字编号，确定图纸的顺序。

（6）图纸目录各列、各行表示的意义。图纸目录第 2 列为图别，填有"建筑"字样，表示图纸种类为建筑施工图；第 3 列为图号，填有"01、02、……"字样，表示为建筑施工图的第 1 张、第 2 张图纸；第 4 列为图纸名称，填有"总平面图、建筑设计说明……"字样，表示每张图纸具体的名称；第 5、6、7 列为张数，填写新设计、利用旧图或标准图集的张数；第 8 列为图纸规格，填有"A3、A2、A2+……"字样，表示图纸的图幅大小分别为 A3 图幅、A2 图幅、A2 加长图幅。图纸目录的最后几行，填有建筑施工图设计中所选用的标准图集代号、项目负责人、工种负责人、归档接收人、审定人、制表人、归档日期等基本信息。

目前，图纸目录的形式由各设计单位自行规定，尚无统一的格式，但总体上包括上述内容。

（三）建筑设计说明

建筑设计说明的内容根据建筑物的复杂程度有多有少，是施工图样的必要补充，主要是对图样中未能表达清楚的内容加以详细的说明，必须说明设计依据、建筑规模、建筑物标高、装修做法和对施工的要求等。下面以"建筑设计说明"为例，介绍读图方法。

1. 设计依据

设计依据包括政府的有关批文。这些批文主要有两个方面的内容：一是立项，二是规划许可证等。

2. 建筑规模

建筑规模主要包括占地面积（规划用地及净用地面积）和建筑面积。这是设计出来的图纸是否满足规划部门要求的依据。

占地面积是建筑物底层外墙皮以内所有面积之和。建筑面积是建筑物外墙皮以内各层面积之和。

3. 标高

在房屋建筑中，规定用标高表示建筑物的高度。标高分为相对标高和绝对标高两种。

以建筑物底层室内地面为零点的标高称为相对标高；以青岛黄海平均海平面的高度为零点的标高称为绝对标高。建筑设计说明中要说明相对标高和绝对标高的关系。例如，附图建施中"相对标高 ±0.000 相对于绝对标高 1891.15m"，这就说明该建筑物底层室内地面比黄海平均海平面高 1891.15m。

4. 装修做法

装修做法的内容比较多，包括地面、楼面、墙面等做法。我们需要读懂说明中的各种数字、符号的含义。例如，说明中的第四条："一般地面：素土夯实基层，70 厚C10 混凝土垫层……"，这是说明地面的做法：先将室内地基土夯实作为基层，在基层上做厚度为 70 的 C10 混凝土为垫层（结构层），在垫层上再做面层。

5. 施工要求

施工要求包含两个方面的内容，一是要严格执行施工验收规范中的规定，二是对图纸中不详之处的补充说明。

（四）门窗统计表

分楼层统计门窗的类型及数量，如表 9-1 所示。

表 9-1　门窗表

代号	框外围尺寸（宽 × 高）/mm	洞口尺寸（宽 × 高）/mm	门窗类型
M1	1780×2390	1800×2400	松木带亮自由门
M2	1180×2390	1200×2400	镶板门
C1	1470×1770	1500×1800	塑钢双玻平开门
C2	2970×1770	3000×1800	塑钢双玻平开门
C3	2370×1470	2400×1500	塑钢双玻平开门

第二节　建筑工程施工图的图示方法

　　建筑工程施工图的识读与绘制，应遵循画法几何的投影原理、《房屋建筑制图统一标准》（CB/T 50001—2017）和《房屋建筑 CAD 制图统一规则》（CB/T 18112—2000）。总平面图的识读与绘制，还应遵循《总图制图标准》（GB/T 50103-2010）。建筑平面图、建筑立面图、建筑剖而图和建筑详图的识读与绘制，还应遵循《建筑制图标准》（GB/T 50104—2010）。下面简要说明建筑制图标准中常见的基本规定。

一、图线

　　图线的宽度 b 应根据图样的复杂程度和比例，按《房屋建筑制图统一标准》（GB/T 50001—2017）中（图线）的规定选用，如图 9-16 至图 9-18 所示。绘制较简单的图样时，可采用两种线宽的线宽组，其线宽比最好为 b：0.25b。

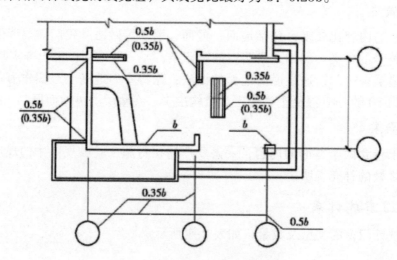

图 9-16　平面图图线宽度选用示例

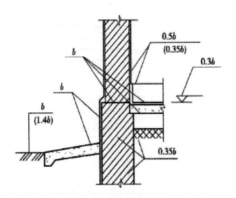

图 9-17　墙身剖面图图线宽度选用示例

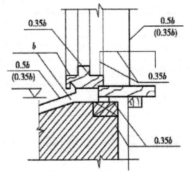

图 9-18　详图图线宽度选用示例

建筑专业、室内设计专业制图采用的各种图线，应符号表 9-2 的规定。

表 9-2　线型

名称	线型	线宽	用途
粗实线	——————	b	1. 平、剖面图中被剖切的主要建筑构造（包括构配件）的轮廓线 2. 建筑立面图或室内立面图的外轮廓线 3. 建筑构造详图中的外轮廓线 4. 建筑构配件详图中的外轮廓线 5. 平、立、剖面图的剖切符号
中实线	——————	0.5b	1. 平、剖面图中被剖切的次要建筑构造（包括构配件）的轮廓线 2. 建筑平、立、剖面图中建筑构配件的轮廓线 3. 建筑构造详图及建筑构配件详图中的一般轮廓线
细实线	——————	0.25b	小于 0.5b 图形线、尺寸线、尺寸界线、图例线、索引符号、标高符号、详图材料做法引出线等
中虚线	— — — — —	0.5b	1. 建筑构造详图及建筑构配件不可见的轮廓线 2. 平面图中的起重机（吊车）轮廓线 3. 拟扩建的建筑物轮廓线
细虚线	- - - - - - -	0.25b	图例线，小于 0.5b 的不可见轮廓线
粗单点长划线	— · — · —	b	起重机（吊车）轨道线
细单点长划线	— · — · —	0.25b	中心线、对称线、定位轴线
折断线	——／——	0.25b	不需画全的断开界线
波浪线	～～～	0.25b	不需画全的断开界线，构造层次的断开界线

二、比例

建筑专业、室内设计专业制图选用的比例，应符号表 9-3 的规定。

表 9-3　比例

图　名	比　例
建筑物或构筑物的平面图、立体图、剖面图	1：50，1：100，1：150，1：200，1：300
建筑物或构筑物的局部放大图	1：10，1：20，1：25，1：30，1：50
配件及构造详图	1：1，1：2，1：5，1：10，1：15，1：20，1：25，1：30，1：50

三、构件及配件图例

由于建筑平、立、剖面图常用比例1：100、1：200或1：50等较小比例，图样中的一些构配件，不可能也没必要按实际投影画出，只需用规定的图例表示即可，如表 9-4。

表 9-4　构造及配件图例

序号	名称	图例	说明
1	土墙		包括土筑墙、土坯墙、三合土墙
2	隔断		1.包括板条抹灰、木制、石膏板、金属材料等隔断 2.适用于到顶与不到顶隔断
3	栏杆		上图为非金属扶手.下图为金属扶手
4	楼梯	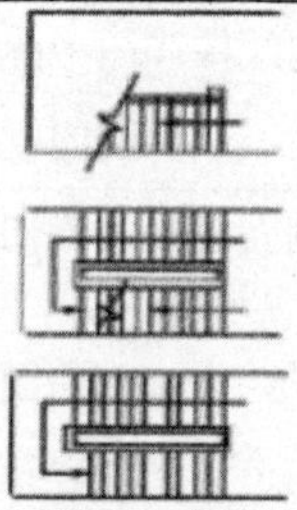	1.上图为底层楼梯平面，中图为中间层楼梯平面，下图为顶层楼梯平面 2.楼梯的形式及步数应按实际情况绘制
5	坡道	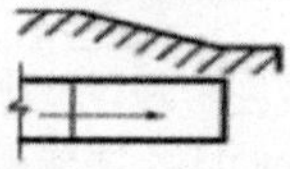	
6	检查孔		左图为可见检查孔 右图为不可见检查孔
7	孔洞		
8	坑槽		
9	墙顶留洞	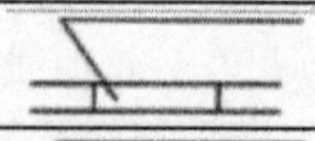	
10	墙顶留槽	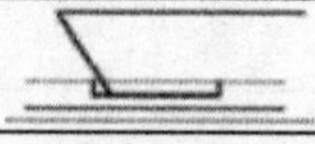	
11	烟道	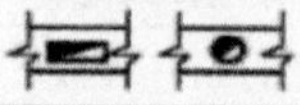	
12	通风道	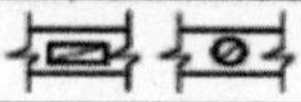	

13	新建墙和窗		本图为砖墙图例，若用其他材料，应按所有材料的图例绘制
14	改建时保留的原有墙和窗		
15	应拆除的墙		
16	在原有墙和楼板上新开的洞		
17	在原有洞旁放大的洞		
18	在原有墙或楼板上全部填塞的洞		
19	在原有墙或楼板上局部填塞的洞		
20	空门洞		
21	单扇门（包括平开或单面弹簧）		1. 门的名称代号用 M 表示 2. 剖面图上左为外、右为内，平面图上下为外、上为内
22	双扇门（包括平开或单面弹簧）		3. 立面图上，开启方向线交角的一侧为安装合页的一侧，实线为外开，虚线为内开 4. 平面图上的开启弧线及立面图上的开启方向线，在一般设计图上不需表示，仅在制作图上表示
23	对开折叠门		5. 立面形式应按实际情况绘制

24	墙外单扇推拉门		同序号 21 说明中的 1
25	墙外双扇推拉门		同序号 24
26	墙内单扇推拉门		同序号 24
27	墙内双扇推拉门		同序号 24
28	单扇双面弹簧门		同序号 21
29	双扇双面弹簧门		同序号 21
30	单扇内外开双层门（包括平开或面弹簧）		同序号 21
31	双扇风个开双层门（包括平开或单面弹簧）		同序号 21
32	转门		同序号 21 中的 1、2、4、5
33	折叠上翻门		同序号 21
34	单层内开下悬窗		同序号 21

35	单层外开平天窗		同序号 21
36	立转窗		同序号 21
37	单层内开平天窗	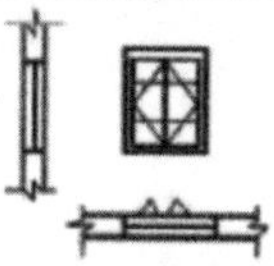	同序号 21
38	双层内外开平开窗	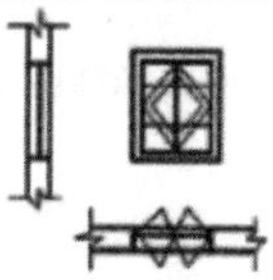	同序号 21
39	左右推拉窗	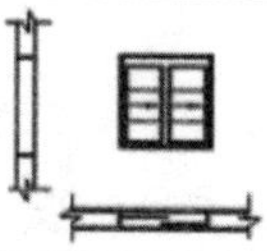	同序号 21 中 1、3、5
40	上推窗	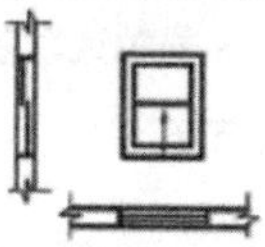	同序号 21 说明中 1、3、5
41	百叶窗	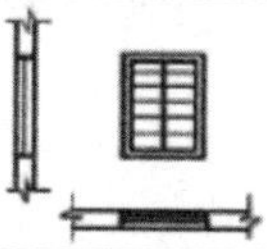	同序号 21

第三节 建筑工程施工图中常用的符号

一、常用符号的图示方法和画法

（一）定位轴线

在施工时要用定位轴线定位放样，因此，凡承重墙、柱、大梁或屋架等主要承重构件都应画出轴线以确定其位置。对于非承重的隔断墙及其他次要承重构件等，一般不画轴线，而注明它们与附近轴线的相关尺寸以确定其位置。

定位轴线用细点画线表示，末端画细实线圆，圆的直径为 8mm，圆心应在定位轴线的延长线上或延长线的折线上，并在圆内注明编号。水平方向编号采用阿拉伯数字从左至右顺序编写；竖向编号应用大写拉丁字母从下至上顺序编写。拉丁字母中的 I、

O、Z 不得用为轴线编号，以免与数字 0、1、2 混淆。如字母数量不够使用，可增用比字母或单字母加数字注脚，如 AA、BB、…、YY 或 A1、B1、…、Y1。

定位轴线也可采用分区编号，编号的注写形式应为分区号—该区轴线号。

在两轴线之间，有的需要用附加轴线表示，附加轴线用分数编号（图 9-19）。如图 9-19（a）中的⑫，表示 2 号轴线后附加的第一根轴线。当 1 号轴线或 A 号轴线之前附加轴线时，分母就应用 01 或 0A 表示 [图 9-19（b）、（d）]。

（a）表示 2 号轴线以后附加的第一根轴线　（b）表示 1 号轴线以前附加的第一根轴线

（c）表示 C 号轴线以后附加的第三根轴线　（d）表示 A 号轴线以前附加的第二根轴线

图 9-19　附加轴线的表达方法

一个详图适用于几根定位轴线时，应同时注明有关轴线的编号，如图 9-20 所示。

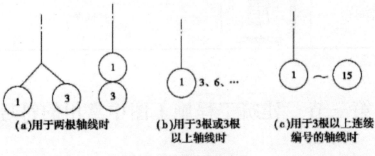

（a）用于两根轴线时　（b）用于 3 根或 3 根以上轴线时　（c）用于 3 根以上连续编号的轴线时

图 9-20　详图的轴线编号

（二）标高

标高有绝对标高和相对标高两种。

绝对标高：把青岛附近黄海的平均海平面定为绝对标高的零点，其他各地标高都以它作为基准，如在总平面图中的室外整平标高▼ 2.75 即为绝对标高。

相对标高：在建筑物的施工图上要注明许多标高，如果全用绝对标高，不但数字烦琐，而且不容易直接得出各部分的高差。因此除总平面图外，一般都采用相对标高，即把底层室内主要的地坪标高定为相对标高的零点，标注为拾圆。而在建筑工程图的总说明中，说明相对标高和绝对标高的关系，再根据当地附近的水准点（绝对标高）测定拟建工程的底层地面标高。

标高用来表示建筑物各部位的高度。标高符号为 ▽ 、△ ，用细实线画出，短横线是需注高度的界线，长横线之上或之下注出标高数字，例如 ▽^{2.900} 、△_{-0.300} 。小三角形高约 3mm，是等腰直角三角形，标高符号的尖端，应指至被注的高度。在同一图纸上的标高符号，应上下对正，大小相等。

总平面图上的标高符号，宜用涂黑的三角形表示，标高数字可注明在黑三角形的右上方，如 ▼ ^{2.75} ，也可注写在黑三角形的上方或右面。

标高数字以 m 为单位，注写到小数点以后第三位（在总平面图中，可注写到小数点后第二位）。零点标高应注写成 ±0.000，正数标高不注"+"，负数标高应注"如3.000—0.600。

（三）索引符号与详图符号

施工图中某一部位或某一构件如另行详图，则可画在同一张图纸内，也可画在其他行关的图纸上。为了便于查找，可通过索引符号和详图符号来反映该部位或构件与详图及有关专业图纸之间的关系。

1. 索引符号

索引符号如图 9-21 所示，是用细实线画出来的，圆的直径为 10mm。当索引出的详图与被索引的图在同一张图纸内时，在上半圆中用阿拉伯数字注出该详图的编号，在下半圆中间画一段水平细实线；当索引出的详图与被索引的图不在同一张图纸内时，在卜.半圆中用阿拉伯数字注出该详图所在图纸的编号。当索引出的详图采用标准图时，在圆的水平直径延长线上加注标准图册编号。

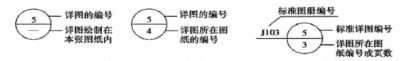

图 9-21　索引符号

索引的详图是局部剖视（或断面）详图时，索引符号在引出线的一侧加画一剖切位置线，引出线在剖切位置线的哪一侧，就表示向该侧投影射（图 9-22）。

图 9-22　索引剖视详图的索引符号

2. 详图符号

详图符号如图 9-23 所示，是用粗实线画出来的，圆的直径为 14mm。当圆内只用阿拉伯数字注明详图的编号时，说明该详图与被索引图样在同一张图纸内；若详图与被索引的图样不在同一张图纸内，可用细实线在详图符号内所一水平直径，在上半圆内注明详图编号，在下半圆中注明被索引图样的图纸编号。

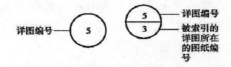

图 9-23　详图符号

要注意的是，图中需要另画详图的部位应编上索引号，并把另画的详图编上详图号，两者之间须对应一致，以便查找。

（四）其他符号

1. 引出线

建筑物的某些部位需要用文字或详图加以说明时，可用引出线（细实线）从该部位引出。引出线用水平方向的直线，或与水平方向成 30°、45°、60°、90° 的直线，或经上述角度再折为水平的折线。文字说明可注写在横线的上方［图 9-24（a）］，也可注写在横线的端部［图 9-24（b）］，索引详图的引出线，应对准索引符号的圆心［图 9-24（c）］。

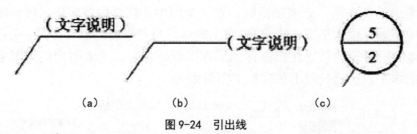

图 9-24　引出线

同时，引出几个相同部分的引出线可画成平行线［图 9-25（a）］，也可画成集中于一点的放射线［图 9-25（b）］。

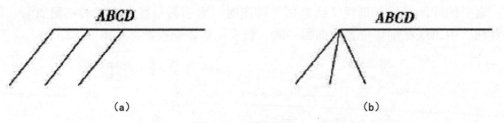

图 9-25　共用引出线

用于多层构造的共同引出线，应通过被引出的多层构造，文字说明可注写在横线的上方，也可注写在横线的端部。说明的顺序自上至下，与被说明的各层要相互一致。若层次为横向排列，则由上至下的说明顺序要与由左至右的各层相互一致（图 9-26）。

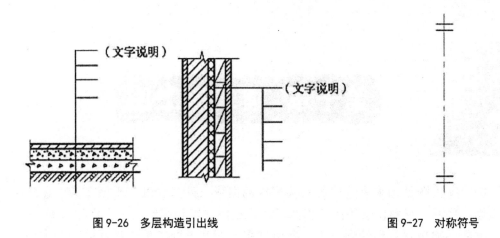

图 9-26　多层构造引出线　　　　　　　　　图 9-27　对称符号

2. 对称符号

如构配件的图形为对称图形，绘图时可画对称图形的一半，并用细点画线画出对称符号，如图 9-27 所示。符号中平行线的长度为 6～10mm，平行线的间距宜为 2～3mm，平行线在对称线两侧的长度应相等。

3. 连接符号与指北针

一个构配件，如绘制位置不够，可分成几个部分绘制，并用连接符号表示。连接符号以折断线表示需要连接的部位，并在折断线两端靠图样一侧，用大写拉丁字母表示连接编号，两个被连接的图样，必须用相同的字母编号，如图 9-28 所示。

指北针符号的形状如图 9-29 所示，圆用细实线绘制，其直径为 24mm，指北针尾部的宽度宜为 3mm。

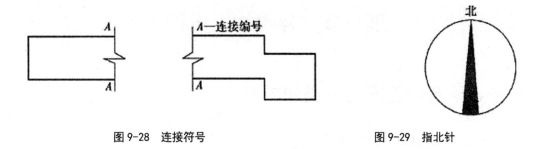

图 9-28　连接符号　　　　　　　　　　图 9-29　指北针

建筑工程施工图按专业分为建筑施工图、结构施工图、设备施工图三大类。一栋房屋的全套施工图的编排顺序是：图纸目录、建筑设计总说明、总平面图、建施、结施、水施、暖施、电施。

建筑工程施工图的图线、比例、构件及配件图例等内容的识读与绘制，应遵循画法几何的投影原理、《房屋建筑制图统一标准》（GB/T50001—2017）和《房屋建筑 CAD 制图统一规则》（GB/T18112—2000）。

建筑工程施工图中常用的符号，如索引符号、详图符号、引出线、定位轴线、标高等，其用途、含义及画法都应掌握，为后续建筑工程施工图的识读与绘制做好铺垫。

第十章 建筑施工图

房屋施工图是用来表达建筑物构配件的组成、外形轮廓、平面布置、建筑构造以及装饰、尺寸、材料做法等的工程图纸，是组织施工和编制预、决算的依据。

建造一幢房屋从设计到施工，要由许多专业和不同工种工程共同配合来完成。按专业分工不同，可分为建筑施工图（简称建施）、结构施工图（简称结施）、电气施工图（简称电施）、给排水施工图（简称水施）、采暖通风与空气调节（简称空施）及装饰施工图（简称装施）。

本章讨论的是建筑施工图的基本知识和如何识读并绘制主要的建筑施工图纸，以任务驱动的方式，让读者在学习情境中更好地理解本章的内容，培养正确识读建筑施工图的能力。

建筑施工图主要用来表达建筑设计的内容，即表示建筑物的总体布局、外部造型、内部布置、内外装饰、细部构造及施工要求。它包括首页图、总平面图、建筑平面图、立面图、剖面图和建筑详图等。本章主要介绍建筑施工图的内容，通过本章的学习，为以后进一步的学习打下良好的基础。

第一节　建筑施工图概述

一、建筑施工图的分类和内容

（一）建筑施工图的分类

建筑施工图主要包括建筑施工图的图纸目录、建筑施工说明、总平面图、立面图、剖面图、建筑构件详图等。

（二）建筑施工图的内容

建筑施工图主要用来表达建筑设计的内容，即表示建筑物的总体布局、外部造型、内部布置、内外装饰、细部构造及施工要求。它包括首页图、总平面图、建筑平面图、立面图、剖面图和建筑详图等。

建筑施工图是房屋施工图重要的组成部分之一，正确识读建筑施工图，对编制施工组织计划和编制工程预算具有重要的作用。

二、施工图首页

施工图首页一般由图纸目录、设计总说明、构造做法表及门窗表组成。

（一）图纸目录

图纸目录放在一套图纸的最前面，说明本工程的图纸类别、图号编排、图纸名称和备注等，以方便图纸的查阅。表 10-1 是某住宅楼的施工图图纸目录。该住宅楼共有 11 张建筑施工图，5 张结构施工图，2 张电气施工图。

（二）设计总说明

设计总说明主要说明工程的概况和总的要求，内容包括工程设计依据（如工程地质、水文、气象资料），设计标准（建筑标准、结构荷载等级、抗震要求、耐火等级、防水等级），建设规模（占地面积、建筑面积），工程做法（墙体、地面、楼面、屋面等的做法）及材料要求。

下面以某住宅楼设计说明举例。

（1）本建筑为某房地产公司经典生活住宅小区工程 9 栋，共 6 层，住宅楼底层为车库，总建筑面积为 3263.36m²，基底面积为 538.33m²。

表 10-1　某住宅施工图图纸目录

图别	图号	图纸名称	备注	图别	图号	图纸名称	备注
建筑	01	设计总说明		建施	10	1-1 剖面图	
建施	02	车库平面图		建施	11	大样图一	
建施	03	一～五层平面图		建施	12	大样图二	
建施	04	六层平面图		结施	01	基础结构平面布置图	
建施	05	阁楼层平面层		结施	02	标准层结构平面布置图	
建施	06	屋顶平面图		结施	03	屋顶结构平面布置图	
建施	07	①～⑩轴立面图		结施	05	柱配筋图	
建施	08	⑩～①轴立面图		电施	01	一层电气平面布置图	
建施	09	侧立面图		电施	02	二层电气平面布置图	

（2）本工程为二类建筑，耐火等级二级，抗震设防残裂度 6 度。

（3）本建筑定位见总平面图，相对标高 ±0.000 相时于绝对标高值见总平面图。

（4）本工程合理使用 50 年，屋面防水等级为 n 级。

（5）本设计各图除注明外，标高以 m 计，平面尺寸以 mm 计。

（6）本图未尽事宜，请按现行有关规范规程施工。

（7）墙体材料及做法：砌体结构选用材料除满足本设计外，还必须满足当地建设行政部门政策要求。地面以下或防潮层以下的砌体、潮湿房间的墙采用 MU10 黏土多孔传和 M7.5 水泥砂浆砌筑，其余按要求选用。

骨架结构中的填充砌体均不作承重用，其材料选用如表 10-2 所示。所用混合砂浆均为石灰水泥混合砂浆。

表 10-2　填充墙材料选用表

砌体部分	适用砌块名称	墙厚	砌块强度等级	砂浆强度等级	备注
外围护墙	黏土多孔砖	240	MU10	M5	砌体容重小于 16KN/m³
卫生间墙	黏土多孔砖	120	MU10	M5	砌体容重小于 16KN/m³
楼梯间墙	混凝土空心砌块	240	MU5	M5	砌体容重小于 10KN/m³

外墙做法：烧结多孔砖墙面，40 厚聚苯颗粒保温砂浆，5.0 厚耐碱玻纤网布抗裂砂浆。

（三）构造做法表

构造做法表是以表格的形式对建筑物各部位构造、做法、层次、选材、尺寸、施工要求等的详细说明。某住宅楼工程做法见表 10-3。

表 10-3　构造做法表

名称	构造做法	施工范围
水泥砂浆地面	素土夯实	一层地面
	30 厚 C0 混凝土垫层，随捣随抹	
	干铺一层塑料膜	
	20 厚 1：2 水泥砂浆面层	
卫生间楼地面	钢筋混凝土结构板上 15 厚 1:2 水泥砂浆找平	卫生间
	刷基层处理剂- -遍，上做 2 厚布四涂氯丁沥青防水涂料，四周沿墙上翻 150 mm 高	
	15 厚 1:3 水泥砂浆保护层	
	1:6 水泥炉渣填充层，最薄处 20 厚 C20 细石混凝土找坡 1%	
	15 厚 1:3 水泥砂浆抹平	

（四）门窗表

门窗表反映门窗的类型、编号、数量、尺寸规格、所在标准图集等相应内容，以备工程施工、结算所需。表 10-4 所示为某住宅楼门窗表。

表 10-4　门窗表

类别	门窗编号	标准图号	图集编号	洞口尺寸 /mm		数量	备注
0				宽	高		
门	M1	98ZJ681	GJM301	900	2100	78	木门
	M2	98ZJ681	GJM301	800	2100	52	铝合金推拉门
	MC1	见大样图	无	3000	2100	6	铝合金推拉门
	JM1	甲方自定	无	3000	2000	20	铝合金推拉门
窗	C1	见大样图	无	4260	1500	6	断桥铝合金中空玻璃窗
	C2	见大样图	无	1800	1500	24	断桥铝合金中空玻璃窗
	C3	98ZJ721	PLC70-44	1800	1500	7	断桥铝合金中空玻璃窗
	C4	98ZJ721	PLC70-44	1500	1500	10	断桥铝合金中空玻璃窗
	C5	98ZJ721	PLC70-44	1500	1500	20	断桥铝合金中空玻璃窗
	C6	98ZJ721	PLC70-44	1200	1500	24	断桥铝合金中空玻璃窗
	C7	98ZJ721	PLC70-44	900	1500	48	断桥铝合金中空玻璃窗

识读建筑施工图时应注意读图的顺序，先把握整体，再熟悉局部，完整地读懂一幅建筑施工图的内容。

第二节　建筑总平面图

一、总平面图的形成和用途

总平面图是将拟建工程附近一定范围内的建筑物、构筑物及其自然状况，用水平投影方法和相应的图例画出的图样，主要是表示新建房屋的位置、朝向，与原有建筑物的关系，周围道路、绿化布置及地形地貌等内容，是新建房屋施工定位、土方施工以及绘制水、暖、电等管线总平面图和施工总平面图的依据。

总平面图的比例一般为 1：500、1：1000、1：2000 等。

二、总平面图的图示内容

（1）拟建建筑的定位。拟建建筑的定位有 3 种方式：一种是利用新建筑与原有建筑或道路中心线的距离确定新建筑的位置；第二种是利用施工坐标确定新建建筑的位置；第三种是利用大地测量坐标确定新建建筑的位置。

（2）拟建建筑、原有建筑物的位置、形状。在总平面图上将建筑物分成 5 种情况，即新建建筑物、原有建筑物、计划扩建的预留地或建筑物、拆除的建筑物和新建的地下建筑物或构筑物。阅读总平面图时，要区分哪些是新建建筑物、哪些是原有建筑物。设计中，为了清楚表示建筑物的总体情况，一般还在总平面图中建筑物的右上角以点数或数字表示楼房层数。

（3）附近的地形情况。一般用等高线表示，由等高线可以分析出地形的高低起伏情况。

（4）道路：主要表示道路位置、走向以及与新建建筑的联系等。

（5）风向频率玫瑰图。风向频率玫瑰图用于反映建筑场地范围内常年主导风向和 6、7、8 月的主导风向（虚线表示），共有 16 个方向，图中实线表示全年的风向频率，虚线表示夏季（6、7、8 月）的风向频率。风由外面吹过建设区域中心的方向称为风向。风向频率是在一定的时间内某一方向出现风向的次数占总观察次数的百分比。

（6）树木、花草等的布置情况。

（7）喷泉、凉亭、雕塑等的布置情况。

三、建筑总平面图图例符号

要能熟练识读建筑总平面图，必须熟悉常用的建筑总平面图图例符号，常用建筑总平面图图例符号如图 10-1 所示。

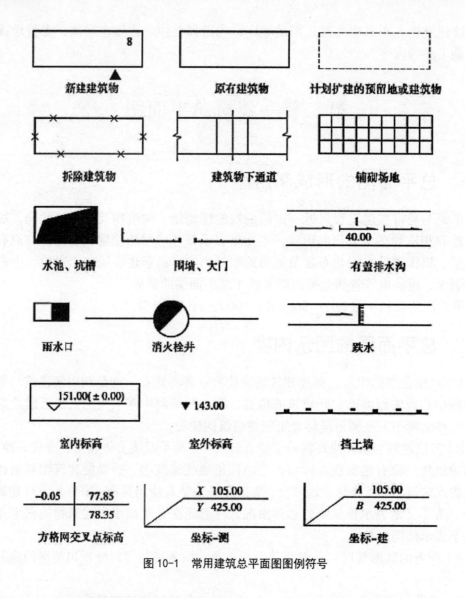

图 10-1 常用建筑总平面图图例符号

四、总平面图的识图示例

如图 10-2 所示，某企业拟建科研综合楼及生产车间均坐东朝西，拟建筑于比较平坦的某山脚下，科研综合楼为 4 层，室内地坪绝对标高为 67.45m，相对标高为 ±0.000；生产车间为两层，室内地坪绝对标高为 67.45m，相对标高为 ±0.（XX）；科研综合楼有一个朝西主出入口，生产车间有一个朝西主出入口，一个朝南次要出入口及一个朝北次要出入口。建筑物的西侧有一条 7m 宽的主干道，主干道两侧分别是 2.5m 宽的绿化带，生产车间的北面设有一水池，7 道生态停车位及一座高低压配电室，一道山体护坡。该场地常年主导风向为西北风。

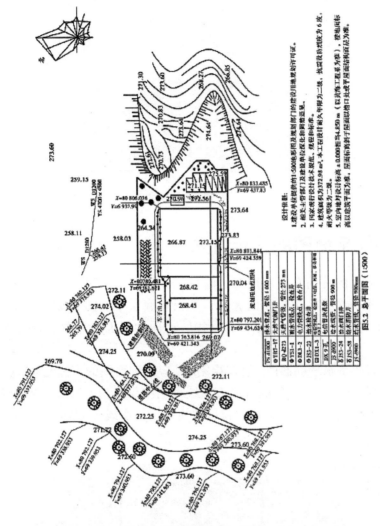

图 10-2　总平面图（1：500）

第三节　建筑平面图

一、建筑平面图的形成和用途

建筑平面图，简称平面图，它是假想用一水平剖切平面将房屋沿窗台以上适当部位剖切开来，对剖切平面以下部分所作的水平投影图。平面图通常用1：50、1：100、1：200 的比例绘制，它反映出房屋的平面形状、大小，房间的布置，墙（或柱）的位置、厚度、材料，门窗的位置、大小、开启方向等情况，作为施工时放线、砌墙、安装门窗、室内外装修及编制预算等的重要依据，如图 10-3 所示。

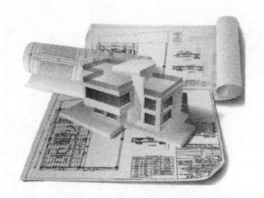

图 10-3 建筑平面图的形成

二、建筑平面图的图示方法

当建筑物各层的房间布置不同时，应分别画出各层平面图；若建筑物的各层布置相同，则可以用两个或 3 个平面图表达，即只画底层平面图和楼层平面图（或顶层平面图）。此时，楼层平面图代表了中间各层相同的平面，故称标准层平面图，如图 10-4 所示。

因建筑平面图是水平剖面图，故在绘制时，应按剖面图的方法绘制，被剖切到的墙、柱轮廓用粗实线（b）表示，门的升启方向线可用中粗实线（0.5b）或细实线（0.25b）表示，窗的轮廓线以及其他可见轮廓和尺寸线等用细实线（0.25b）表示。

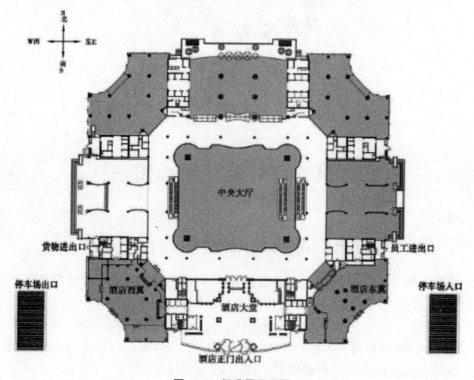

图 10-4 标准层平面图

三、建筑平面图的图示内容

（一）底层平面图的图示内容

（1）表示建筑物的墙、柱位置并对其轴线编号。

（2）表示建筑物的门、窗位置及编号。

（3）注明各房间名称及室内外楼地面标高。

（4）表示楼梯的位置及楼梯上下行方向及级数、楼梯平台标高。

（5）表示阳台、雨篷、台阶、雨水管、散水、明沟、花池等的位置及尺寸。

（6）表示室内设备（如卫生器具、水池等）的形状、位置。

（7）画出剖面图的剖切符号及编号。

（8）标注墙厚、墙段、门、窗、房屋开间、进深等各项尺寸。

（9）标注详图索引符号。

1. 索引符号

《房屋建筑制图统一标准》（GB/T 50001—2017）规定：图样中的某一局部或构件，如需另见详图，应以索引符号索引。索引符号由直径为10mm的圆和水平直径组成，圆和水平直径均应以细实线绘制。

索引符号按下列规定编写：

（1）索引出的详图，如与被索引的详图同在一张图纸内，应在索引符号的上半网中用阿拉伯数字注明该详图的编号，并在下半圆中间画一段水平细实线，如图10-5（a）所示。

（2）索引出的详图，如与被索引的详图不同在一张图纸内，应在索引符号的上半圆中用阿拉伯数字注明该详图的编号，在索引符号的下半圆中用阿拉伯数字注明该详图所在图纸的编号。数字较多时，可加文字标注，如图10-5（b）所示。

（3）索引出的详图如采用标准图，应在索引符号水平直径的延长线上加注该标准图册的编号，如图10-5（c）所示。

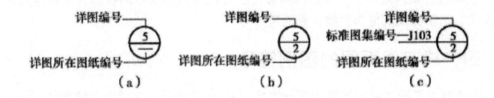

图10-5　详图索引符号

2. 详图符号

详图的位置和编号，应以详图符号表示。详图符号的圆应以宜径为14mm粗实线绘制。

详图应按下列规定编号：

（1）图与被索引的图样同在一张图纸内时，应在详图符号内用阿拉伯数字注明详图的编号，如图 10-6（a）所示。

（2）详图与被索引的图样不在同一张图纸内时，应用细实线在详图符号内画一水平直径，在上半圆中注明详图编号，在下半圆中注明被索引图纸的编号，如图 10-6（b）所示。

图 10-6　详图符号

（3）画出指北针

指北针常用来表示建筑物的朝向。指北针外圆直径为 24mm，采用细实线绘制，指北针尾部宽度为 3mm，指北针头部应注明"北"或"N"字。

（二）标准层平面图的图示内容

①表示建筑物的门、窗位置及编号。
②注明各房间名称、各项尺寸及楼地面标高。
③表示建筑物的墙、柱位置并对其轴线编号。
④表示楼梯的位置及楼梯上下行方向、级数及平台标高。
⑤表示阳台、雨篷、雨水管的位置及尺寸。
⑥表示室内设备（如卫生器具、水池等）的形状、位置。
⑦标注详图索引符号。

（三）屋顶平面图的图示内容

主要包括屋顶檐口、檐沟、屋顶坡度、分水线与落水口的投影，出屋顶水箱间、上人孔、消防梯及其他构筑物、索引符号等。

四、建筑平面图的图例符号

阅读建筑平面图应熟悉常用图例符号，图 10-7 所示为从规范中摘录的部分图例符号，读者可参见《房屋建筑制图统一标准》（GB/T 50001—2017）。

五、建筑平面图的识读举例

本建筑平面图分为底层平面图（图 10-8）、标准层平面图（图 10-9）及屋顶平面图（图 10-10）。

从图中可知比例均为 1∶100，从图名可知是哪一层平面图。从底层平面图的指北针可知，该建筑物朝向为坐北朝南，同时可以看出，该建筑为一字形对称布置，主要房间为卧室，内墙厚240mm，外墙厚370mm。本建筑设有一间门厅，一个楼梯间，中间有1.8m宽的内走廊，每层有一间厕所，一间盥洗室。有两种门，3种类型的窗。房屋开间为3.6m，进深为5.1m。从屋顶平面图可知，本建筑屋顶是坡度为3%的平屋顶，两坡排水，南、北向设有宽为600mm的外檐沟，分别布置有3根落水管，非上人屋面。剖面图的剖切位置在楼梯间处。

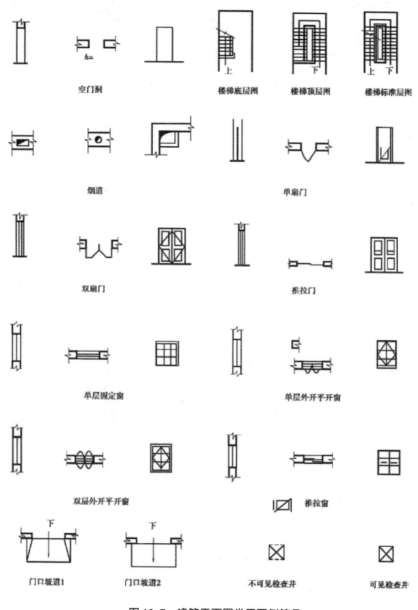

图 10-7 建筑平面图常用图例符号

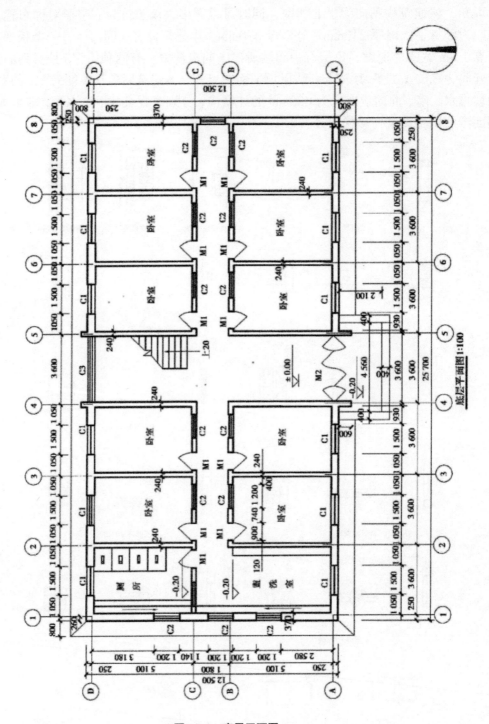

图 10-8　底层平面图

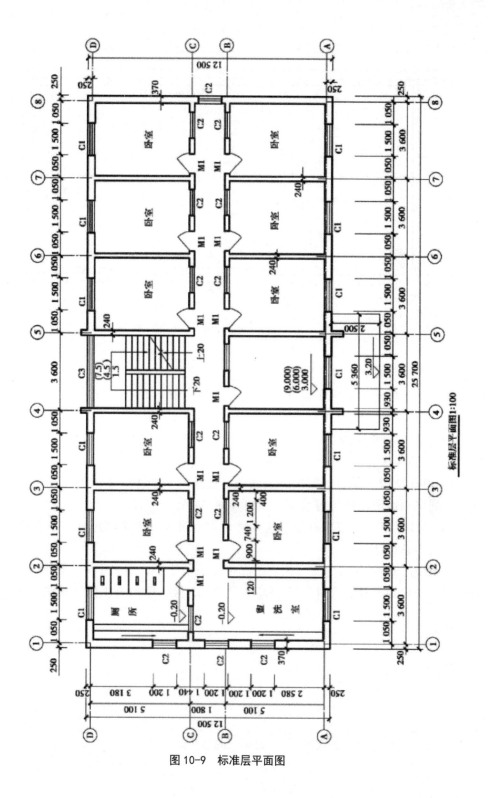

图 10-9 标准层平面图

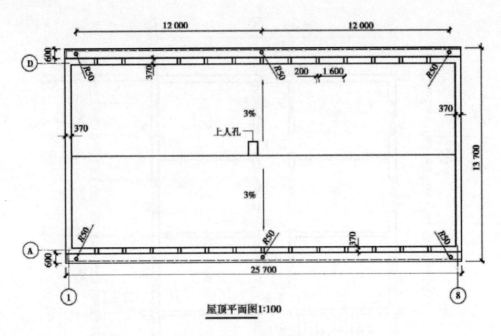

图 10-10　屋顶平面图

如图 10-11 所示，建筑平面图的绘制方法和步骤如下：

（1）绘制墙身定位轴线及柱网，如图 10-11（a）所示。

（2）绘制墙身轮廓线、柱子、门窗洞口等各种建筑构配件，如图 10-11（b）所示。

（3）绘制楼梯、台阶、散水等细部，如图 10-11（c）所示。

（4）检查全图无误后，擦去多余线条，按建筑平而图的要求加深加粗，并进行门窗编号，画出剖面图剖切位置线等，如图 10-11（d）所示。

（5）尺寸标注。一般应标注 3 道尺寸，第一道尺寸为细部尺寸，第二道为轴线尺寸，第三道为总尺寸。

（6）图名、比例及其他文字内容。汉字写长仿宋字，图名字高一般为 7～10 号，图内说明字一般为 5 号，尺寸数字字高通常用 3.5 号，字形要工整、清晰、不潦草。

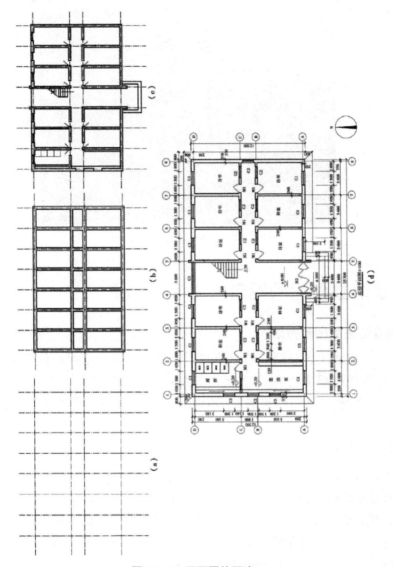

图 10-11　平面图的画法

第四节　建筑立面图

一、建筑立面图的形成与作用

建筑立面图,简称立面图,它是在与房屋立面平行的投影面上所作的房屋正投影图。它主要反映房屋的长度、高度、层数等外貌和外墙装修构造,如图 10-12 所示。它的主要作用是确定门窗、檐口、雨篷、阳台等的形状和位置,以及指导房屋外部装修施工和计算有关预算工程量。

图 10-12　建筑立面效果

二、建筑立面图的图示方法及其命名

1. 建筑立面图的图示方法

为使建筑立面图主次分明、图面美观，通常将建筑物不同部位采用粗细的线型来表示。最外轮廓线用粗实线（b）表示，室外地坪线用加粗实线（1.4b）表示，所有突出部位如阳台、雨篷、线脚、门窗洞等用中实线（0.5b）表示，其余部分用细实线（0.35b）表示。

2. 立面图的命名

立面图的命名方式有 3 种：

（1）用房屋的朝向命名，如南立面图、北立面图等。

（2）根据主要出入口命铭，如正立面图、背立面图、侧立面图。

（3）用立面图上首尾轴线命名，如①～⑧立面图和⑧～①立面图。

立面图的比例一般与平面图相同。

三、建筑立面图的图示内容

（1）室外地坪线及房屋的勒脚、台阶、花池、门窗、雨篷、阳台、室外楼梯、墙、柱、檐口、屋顶、雨水管等内容。

（2）尺寸标注。用标高标注出各主要部位的相对高度，如室外地坪、窗台、阳台、雨篷、女儿墙顶、屋顶水箱间及楼梯间屋顶等的标高，同时用尺寸标注的方法标注立面图上的细部尺寸、层高及总高。

（3）建筑物两端的定位轴线及其编号。

（4）外墙面装修。有的用文字说明，有的用详图索引符号表示。

四、建筑立面图的识读举例

如图 10-13 所示,本建筑立面图的图名为①~⑧立面图,比例为 1:100,两端的定位轴线编号分别为①、⑧;室内外高差为 0.3m,层高 3m,共有 4 层,窗台高 0.9m;在建筑的主要出入口处设有一悬挑雨篷,有一个二级台阶;该立面外形规则,立面造型简单,外墙采用 100x100 黄色釉面宽砖饰面,窗台线条用 100x100 白色釉面宽砖点缀,金黄色琉璃瓦檐口;中间用墙垛形成竖向线条划分,使建筑给人一种高耸的感觉。

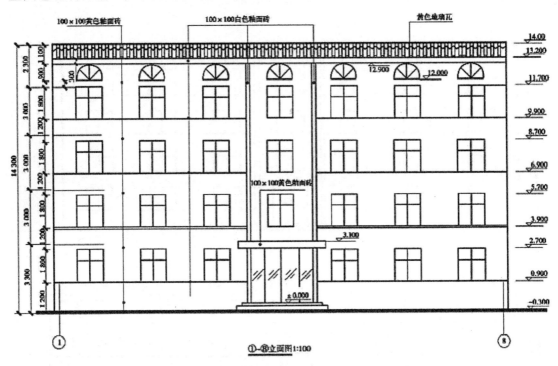

图 10-13　①~⑧立面图

如图 10-14 所示,建筑立面图的绘图方法和步骤如下:

(1)绘制室外地坪线、定位轴线、各层楼面线、外墙边线和屋檐线,如图 10-14(a)所示。

(2)画各种建筑构配件的可见轮廓线,如门窗洞、楼梯间、墙身及其暴露在外墙外的柱子,如图 10-14(b)所示。

(3)画门窗、雨水管、外墙分割线等建筑物细部,如图 10-14(c)所示。

(4)画尺寸界线、标高数字、索引符号和相关注释文字。

(5)进行尺寸标注。

(6)检查无误后,按建筑立面图所要求的图线加深、加粗,并标注标高、首尾轴线号、墙面装修说明文字、图名和比例,说明文字用 5 号字,如图 10-14(d)所示。

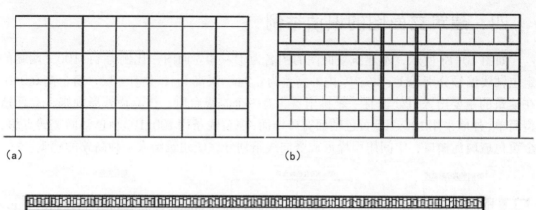

(a)　　　　　　　　　　　　(b)

(c)

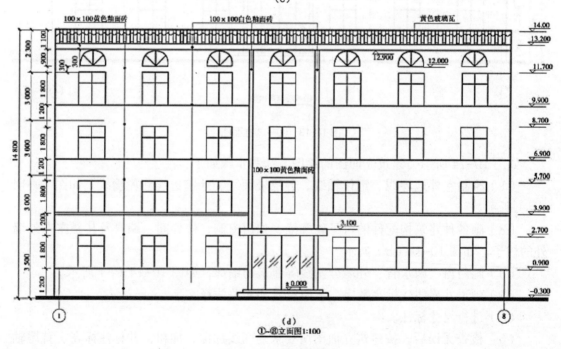

(d)
①~⑧立面图1:100

图 10-14　立面图的画法

第五节 建筑剖面图

一、建筑剖面图的形成与作用

建筑剖面图，简称剖面图，它是假想用一铅垂剖切面将房屋剖切开后移去靠近观察者的部分，作出剩下部分的投影图。

剖面图用以表示房屋内部的结构或构造方式，如屋面（楼、地面）形式、分层情况、材料、做法、高度尺寸及各部位的联系等。它与平、立面图互相配合用于计算工程量，指导各层楼板和屋面施工、门窗安装和内部装饰等，如图 10-15 所示。

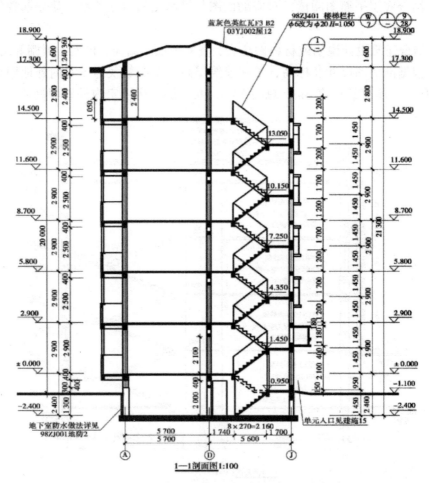

图 10-15　建筑剖面图

剖面图的数量根据房屋的复杂情况和施工实际需要决定。剖切面的位置要选择在房屋内部构造比较复杂、有代表性的部位（如门窗洞口和楼梯间等位置），并应通过门窗洞口。剖面图的图名符号应与底层平面图上的剖切符号相对应。

二、建筑剖面图的图示内容

（1）必要的定位轴线及轴线编号。

（2）剖切到的屋面、楼面、墙体、梁等的轮廓线及材料做法。

（3）建筑物内部分层情况以及竖向、水平方向的分隔。

（4）即使没被剖切到，但在剖视方向可以看到的建筑物构配件。

（5）屋顶的形式及排水坡度。

（6）标高及必须标注的局部尺寸。

（7）必要的文字注释。

三、建筑物剖面图的识读方法

（1）结合底层平面图阅读，对应剖面图与平面图的相互关系，建立起建筑内部的空间概念。

（2）结合建筑设计说明或材料做法表，查阅地面、墙面、楼面、顶棚等装修做法。

（3）根据剖面图尺寸及标高，了解建筑层高、总高数及房屋室内外地面高差。如图 10-16 所示，本建筑层高 3m，总高 14m，共 4 层，房屋室内外地面高差 0.3m。

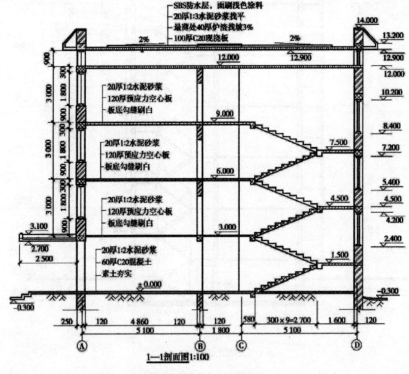

图 10-16　1-1 剖面图

（4）了解建筑构配件之间的搭接关系。

（5）建筑屋筑的构造及屋面坡度的形成。该建筑屋面为架空通风隔热、保温屋面，材料找坡，屋顶坡度为 2%，设有外伸 600mm 天沟，属有组织排水。

（6）了解墙体、梁等承重构件的竖向定位关系，如轴线是否偏心。该建筑外墙厚370mm，向内偏心90mm，内墙厚240mm，无偏心。

建筑剖面图的绘制方法和步骤如下：

（1）画地坪线、定位轴线、各层的楼面线、楼面，如图10-17（a）所示。

（2）画剖面图门窗洞口位置、楼梯平台、女儿墙、檐口及其他可见轮廓线，如图10-17（b）所示。

（3）房间各种梁的轮廓线以及断面。

（4）画楼梯、台阶及其他可见的细节构件，并绘出楼梯的材质。

（5）画尺寸界线、标高数字和相关注释文字。

（6）画索引符号及尺寸标注，如图10-17（c）所示。

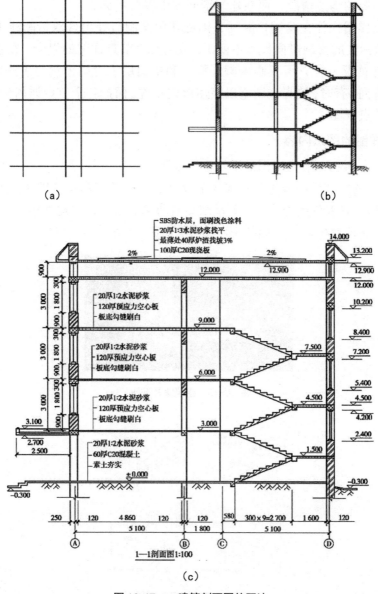

图 10-17　建筑剖面图的画法

第六节 建筑详图

一、外墙身详图

墙身详图也称为墙身大样图，实际上是建筑剖面图的有关部位的局部放大图。它主要表达墙身与地面、楼面、屋面的构造连接情况以及檐口、门窗顶、窗台、勒脚、防潮层、散水、明沟的尺寸、材料、做法等构造情况，是砌墙、室内外装修、门窗安装、编制施工预算以及材料估算等的重要依据。有时，在外墙详图上引出分层构造，注明楼地面、屋顶等的构造情况，而在建筑剖面图中省略不标。

外墙剖面详图往往在窗洞口断开，因此在门窗洞口处出现双折断线（该部位图形高度变小，但标注的窗洞竖向尺寸不变），成为几个节点详图的组合。在多层房屋中，若各层的构造情况一样，可只画墙脚、檐口和中间层（含门窗洞口）3个节点，按上下位置整体排列。有时，墙身详图不以整体形式布置，而把各个节点详图分别单独绘制，也称为墙身节点详图。

1. 墙身详图的图示内容

如图 10-32 所示，墙身详图的图示内容如下：

（1）墙身的定位轴线及编号，墙体的厚度、材料及其本身与轴线的关系。

（2）勒脚、散水节点构造：主要反映墙身防潮做法、首层地面构造、室内外高差、散水做法、一层窗台标高等，如图 10-18 至图 10-20 所示。

图 10-18 建筑室外散水

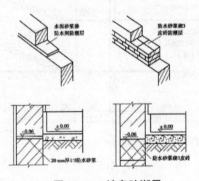

图 10-19 墙身防潮层

（3）标准层楼层节点构造：主要反映标准层梁、板等构件的位置及其与墙体的联系，以及构件表面抹灰、装饰等内容，如图 10-21 至图 10-24 所示。

（4）檐口部位节点构造：主要反映檐口部位包括封檐构造（如女儿墙或挑檐）、圈梁、过梁、屋顶泛水构造、屋面保温层、防水做法和屋面板等结构构件，如图 10-25 至图 10-31 所示。

（5）图中的详图索引符号等。

图 10-20　室内外高差（台阶）

图 10-21　标准层梁

图 10-22　楼板结构

图 10-23　墙面抹灰

(a)装修吊顶工程

(b)装修隔墙工程

(c)装修地面工程

图 10-24　装修工程

图 10-25　屋顶檐口

图 10-26　女儿墙

图 10-27　图梁

图 10-28　过梁

图 10-29　屋顶泛水

图 10-30　屋面保温层

图 10-31　屋面防水

2. 墙身详图的阅读举例

（1）如 10-32 所示，该墙体为示轴外墙厚 370mm。

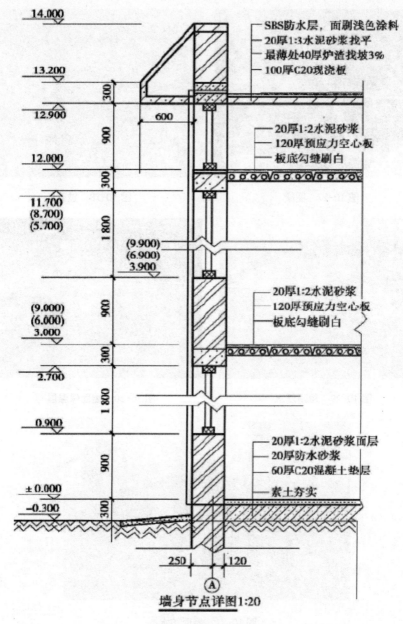

图 10-32　墙身节点详图

（2）室内外高差为 0.3m，墙身防潮采用 20mm 防水砂浆，设置于首层地面垫层与面层交接处，一层窗台标高为 0.9m，首层地面做法从上至下依次为 20 厚 1：2 水泥砂浆面层，20 厚防水砂浆一道，60 厚混凝土垫层，素土夯实。

（3）标准层楼层构造为 20 厚 1：2 水泥砂浆而层，120 厚预应力空心楼板，板底勾缝刷白；120 厚预应力空心楼板搁置于横墙上；标准层楼层标高分别为 3m、6m、9m。

（4）屋顶采用架空 900mm 高的通风屋而，下层板为 120 厚预应力空心楼板，上层板为 100 厚 C20 现浇钢筋混凝土板；采用 SBS 柔性防水，刷浅色涂料保护层；槽口采用外天沟，挑出 600mm；为了使立面美观，外天沟用斜向板封闭，并外贴金黄色琉璃瓦。

二、楼梯详图

楼梯详图主要表示楼梯的类型和结构形式。楼梯是由楼梯段、休息平台、栏杆或栏板组成。楼梯详图主要表示楼梯的类型、结构形式、各部位的尺寸及装修做法等，是楼梯施工放样的主要依据。

楼梯详图一般分为建筑详图与结构详图，应分别绘制并编入建筑施工图和结构施工图中。对于一些构造和装修较简单的现浇钢筋混凝土楼梯，其建筑详图与结构详图可合并绘制，编入建筑施工图或结构施工图。

楼梯的建筑详图一般有楼梯平面图、楼梯剖面图以及踏步和栏杆等节点详图。

楼梯平面图

楼梯平面图实际上是建筑平面图中楼梯间部分局部放大图，如图 10-33 所示。

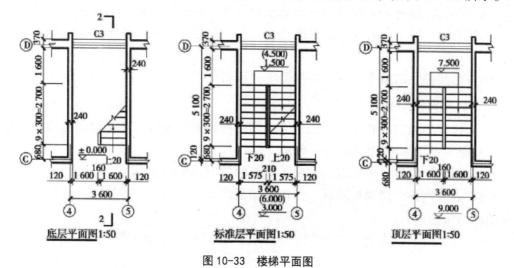

图 10-33　楼梯平面图

楼梯平面图通常要分别画出底层楼梯平面图、顶层楼梯平面图及中间各层的楼梯平面图。如果中间各层的楼梯位置、楼柳数量、踏步数、梯段长度都完全相同时，可以只画一个中间层楼梯平面图，这种相同的中间层的楼梯平面图称为标准层楼梯平面图。在标准层楼梯平面图中，楼层地面和休息平台上应标注出各层楼而及平台而相应的标高，其次序应由下而上逐一注写。

楼梯平面图主要表明梯段的长度和宽度、上行或下行的方向、踏步数和踏面宽度、楼梯休息平台的宽度、栏杆扶手的位置以及其他一些平面形状。

在楼梯平面图中，楼梯段被水平剖切后，其剖切线是水平线，而各级踏步也是水平线。为了避免混淆，剖切处规定画 45° 折断符号。首层楼梯平面图中的 45° 折断符号应以楼梯平台板与梯段的分界处为起始点画出，使第一梯段的长度保持完整。

在楼梯平面图中，梯段的上行或下行方向是以各层楼地面为基准标注的。向上者称为上行，向下者称为下行，并用长线箭头和文字在梯段上注明上行、下行的方向及踏步总数。

在楼梯平面图中，除注明楼梯间的开间和进深尺寸、楼地面和平台面的尺寸及标高外，还需注出各细部的详细尺寸。通常用踏步数与踏步宽度的乘积来表示梯段的长度。通常3个平面图画在同一张图纸内，且互相对齐，这样既便于阅读，又可省略标注一些重复的尺寸。

1. 楼梯平面图的读图方法

（1）了解楼梯或楼梯间在房屋中的平面位置。如图10-33所示，楼梯间位于(ⓒ ~ ①轴) x (④ ~ ⑤轴)。

（2）熟悉楼梯段、楼梯井和休息平台的平面形式、位置、踏步的宽度和踏步的数量。本建筑楼梯为等分双跑楼梯，楼梯井 – 宽 160nim，梯段长 2700mm、宽 1600mm，平台宽 1600mm，每层 20 级踏步。

（3）了解楼梯间处的墙、柱、门窗平面位置及尺寸。本建筑楼梯间处承重墙宽 240mm，外墙宽 370mm，外墙窗宽 3240mm。

（4）弄清楼梯的走向以及楼梯段起步的位置。楼梯的走向用箭头表示。

（5）了解各层平台的标高。本建筑一、二、三层平台的标高分别为 1.5m、4.5m、7.5m。

（6）在楼梯平面图中了解楼梯剖面图的剖切位置。

2. 楼梯平面图的画法

（1）根据楼梯间的开间、进深尺寸，画楼梯间定位轴线、墙身以及楼梯段、楼梯平台的投影位置，如图10-34（a）所示。

（2）用平行线等分楼梯段，画出各踏面的投影，如图10-34（b）所示。

（3）画出栏杆、楼梯折断线、门窗等细部内容，并画出定位轴线，标出尺寸、标高和楼梯剖切符号等。

（4）写出图名、比例、说明文字等，如图10-34（c）所示。

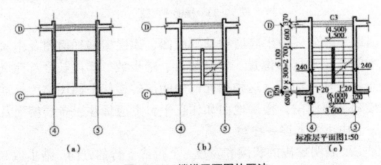

图 10-34　楼梯平面图的画法

（二）楼梯剖面图

楼梯剖面图实际上是在建筑剖面图中楼梯间部分的局部放大图，如图10-35所示。

楼梯剖面图能清楚地注明各层楼(地)面的标高，楼梯段的高度、踏步的宽度和高度、级数及楼地面、楼梯平台、墙身、栏杆、栏板等的构造做法及其相对位置。

表示楼梯剖面图的剖切位置的剖切符号应在底层楼梯平面图中画出。剖切平面一般应通过第一跑，并位于能剖到门窗洞口的位置上，剖切后向未剖到的梯段进行投影。

在多层建筑中，若中间层楼梯完全相同时，楼梯剖面图可只网出底层、中间层、顶层的楼梯剖面，在中间层处用折断线符号分开，并在中间层的楼面和楼梯平台面上注写适用于其他中间层楼面的标高。若楼梯间的屋面构造做法没有特殊之处，一般不再画出。

在楼梯剖而图中，应标注楼梯间的进深尺寸及轴线编号，各梯段和栏杆、栏板的高度尺寸，楼地而的标高以及楼梯间外墙上门窗洞口的高度尺寸和标高。梯段的高度尺寸可用级数与踢而高度的乘积来表示，应注意的是级数与踏面数相差为1，即踏面数＝级数 −1。

1. 楼梯剖面图的读图方法

（1）了解楼梯的构造形式。如图 10-35 所示，该楼梯为双跑楼梯，现浇钢筋混凝土制作。

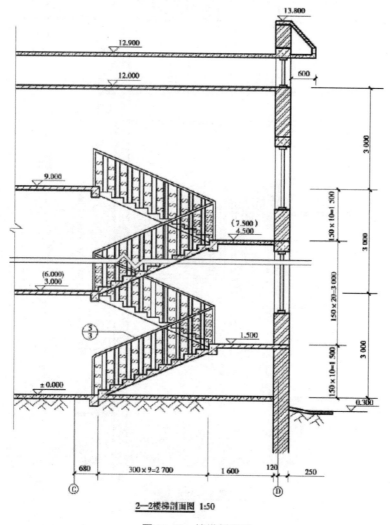

2—2楼梯剖面图 1:50

图 10-35　楼梯剖面图

（2）熟悉楼梯在竖向和进深方向的有关标高、尺寸和详图索用符号。该楼梯为等跑楼梯，楼梯平介标局分别为1.5m、4.5m、7.5m。

（3）了解楼梯段、平台、栏杆、扶手等相互间的连接构造。

（4）明确踏步的宽度、高度及栏杆的高度。该楼梯踏步宽300mm，高度为1100mm。

2．楼梯剖面图的画法

（1）画定位轴线及各楼面、休息平台、墙身线，如图10-36（a）所示。

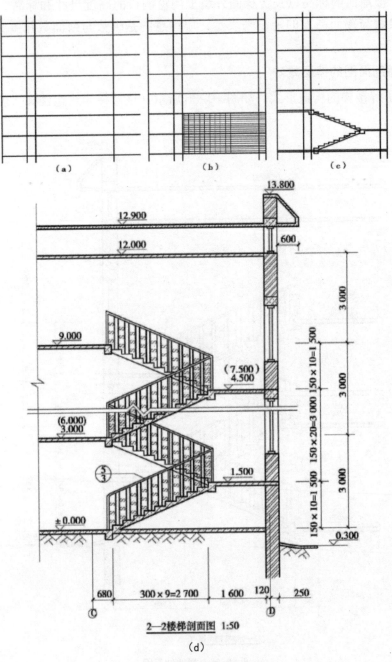

2—2楼梯剖面图 1:50

（d）

图10-36 楼梯剖面图的画法

（2）确定楼梯踏步的起点，用平行线等分的方法画出楼梯剖面图上各踏步的投影，如图 10-36（b）所示。

（3）擦去多余线条，画楼地面、楼梯休息平台、踏步板的厚度以及楼层梁、平台梁等其他细部内容，如图 10-36（c）所示。

（4）检查无误后，加深、加粗并画详图索引符号，最后标注尺寸、图名等，如图 10-36（d）所示。

（三）楼梯节点详图

楼梯节点详图主要是指栏杆详图、扶手详图以及踏步详图。它们分别用索引符号与楼梯平面图或楼梯剖面图联系。

踏步详图表明踏步的截面尺寸、大小、材料及面层的做法。如图 10-37 所示。

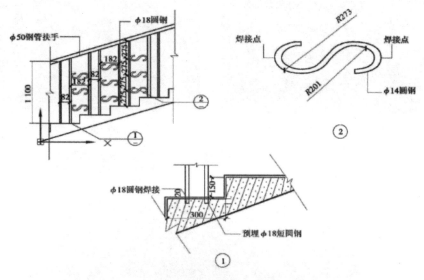

图 10-37　楼梯详图

栏板与扶手详图主要表明栏板及扶手的形式、大小、所用材料及其与踏步的连接等情况。如图 10-37 所示，楼梯扶手采用 ϕ50 无缝钢管，面刷黑色调和漆；栏杆用 ϕ18 圆钢制成，与踏步用预埋钢筋通过焊接连接。楼梯构造详图如图 10-38 至图 10-40 所示。

图 10-38　楼梯栏杆

图 10-39　楼梯踏步及防滑条

（四）其他详图

在建筑、结构设计中，对大量重复出现的构配件如门窗、台阶、面层做法等，通常采用标准设计，即由国家或地方编制的一般建筑常用的构配件详图，供设计人员选用，以减少不必要的重复劳动，如图10-41、图10-42所示。在读图时要学会查阅这些标准图集。

图 10-40　楼梯结构

图 10-41　安装门窗

图 10-42　台阶

第十一章　建筑施工图

结构施工图主要表示建筑物各承重构件的布置、形状、大小、材料及构造，并反映其他专业对结构设计的要求，为建造房屋时开挖地基、制作构件、绑扎钢筋、设置预埋件，以及安装梁、板、柱等构件服务，同时也是编制建造房屋的工程预算和施工组织计划等的依据。

本章讨论的是结构施工图的基本知识和如何识读主要的结构施工图纸，以任务驱动的方式，让读者在学习情境中更好地理解本章的内容，培养正确识读结构施工图的能力。

通过建筑施工图可以了解一个建筑的平面布局、立面造型、内外装修和具体的建筑构造等内容，但是要实现建筑的施工，这些还远远不够。结构构件的选型、布置、构造是另一个十分重要的问题，主要根据力学计算和各种规范加以确定，工程中将结构构件的设计结构绘制成图样表示出来，即结构施工图。本章主要介绍结构施工图的内容，通过本章的学习，为以后进一步的学习打下良好的基础。

第一节　结构施工图概述

一、结构施工图的分类和内容

（一）结构施工图的分类

结构施工图主要包括结构施工图的图纸目录、结构施工图说明、基础图、上层结构的布置图、结构构件详图等。

（二）结构施工图的内容

结构施工图主要表示建筑物各承重构件（如基础、承重墙、柱、梁、板等）的布置、形状、大小、材料、构造，并反映其他专业（如建筑、给水排水、采暖通风、电气等）对结构设计的要求，为建造房屋时开挖地基、制作构件、绑扎钢筋、设置预埋件，以及安装梁、板、柱等构件服务，也是编制建造房屋的工程预算和施工组织计划等的依据。

结构施工图是房屋施工图重要的组成部分之一，正确识读结构施工图，对编制施工组织计划和编制工程预算具有重要的作用。

二、钢筋混凝土结构简介

（一）钢筋混凝土构件及混凝土的强度等级

上木建筑中，起承重和支撑作用的基本构件有柱、梁、楼板、基础等，如图11-1至图11-4所示。

图11-1　钢筋混凝土柱

图11-2　钢筋混凝土梁

图11-3　钢筋混凝土楼板

图11-4　钢筋混凝土基础

钢筋混凝土构件由钢筋和混凝土两种材料组合而成，混凝土由水、水泥、砂、石子按一定比例拌和而成。混凝土抗压强度高，其抗压强度分为C7.5、C10、C15、C20、C25、C30、C35、C40、C45、C50、C55、C60共12个等级，数字越大，表示混凝土抗压强度越高。混凝土的抗拉强度比抗压强度低得多，而钢筋不但具有良好的抗拉强度，且能与混凝土有良好的黏结力，其热膨胀系数与混凝土相近，因此，两者结合组成钢筋混凝土构件。

如图11-5所示，两端搁置在砖墙上的一根钢筋混凝土梁，在外力作用下产生弯曲变形，上部为受压区，由混凝土或混凝土与钢筋承受压力；下部为受拉区，由钢筋承受拉力。为了提高构件的抗拉和抗裂性能，有的构件在制作过程中，通过张拉钢筋对混凝土预加一定压力，称为预应力钢筋混凝土构件。没有钢筋的混凝土构件称为混凝土构件或素混凝土构件。

钢筋混凝土构件按施工方法的不同，可以分为现浇和预制两种。现浇构件是在建筑工地现场浇捣制作的构件；预制构件是在混凝土制品厂先预制，然后运到工地进行吊装，或者在工地上预制后吊装。

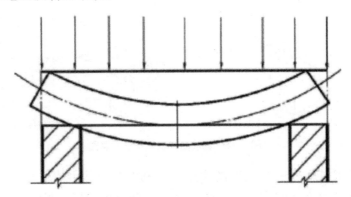

图 11-5　钢筋混凝土梁受力情况示意图

（二）钢筋

1. 钢筋的级别和符号

钢筋按其强度和品种的不同，可分为不同等级，见表 11-1

表 11-1　钢筋级别和直径符号

级别	符号	表面形状
HPB300	Φ	热轧光圆钢筋
HRB335	Φ	热轧带肋钢筋
HRBF335	Φ^F	细晶粒带肋钢筋
HRB400	Φ	热轧带肋钢筋
HRBF400	Φ^F	细晶粒带肋钢筋
RRB400	Φ^R	余热带肋钢筋
HRB500	Φ	热轧带肋钢筋
HRBF500	Φ^F	细晶粒带肋钢筋

2. 钢筋的分类和作用

如图 11-6 所示，钢筋按其在构件中所起的作用可分为以下 5 种：

（1）受力筋：承受拉力或压力的钢筋，在梁、板、柱等各种钢筋混凝土构件中应配置。在梁中支座附近弯起的受力筋，也称为弯起钢筋。

（2）架立筋：不考虑受力作用的钢筋，一般只在梁中使用，与受力筋、箍筋一起形成钢筋骨架，用以固定钢筋位置。

（3）箍筋：一般用于梁和柱内，用以固定受力筋的位置，并承受一部分斜拉应力。

（4）分布筋：一般用于板内，用以固定受力筋的位置，与受力筋一起构成钢筋网。

（5）构造筋：因构件在构造上的要求或施工安装需要配置的钢筋。

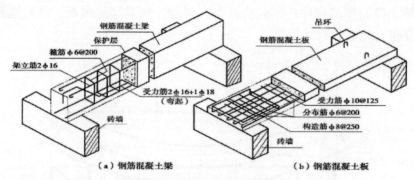

（a）钢筋混凝土梁　　　　　　　　（b）钢筋混凝土板

图 11-6　钢筋名称及保护层示意图

为了保护钢筋能防锈、防火、防腐蚀，钢筋混凝土构件中的钢筋不能外露，在钢筋的外边缘与构件表面之间应留有一定厚度的混凝土保护层，见表 11-2。

表 11-2　钢筋混凝土构件的保护层

钢筋	构件种类		保护层厚度 /mm
受力筋	板	断面厚度 ≤ 100 mm	10
		断面厚度 > 100 mm	15
	梁和柱		25
	基础	有垫层	35
	无垫层		70
箍筋	梁和柱		15
分布筋	板		10

3. 钢筋弯钩

为了使钢筋和混凝土具有良好的黏结力，应在光圆钢筋两端做成半圆形的弯钩或宜钩，统称为有钩；带肋钢筋与混凝土的黏结力较强，钢筋两端可以不做弯钩。光圆钢筋两端在交接处也要做成弯钩，弯钩的常用形式和画法如图 11-7 所示，一般施工图上都按简化画法。箍筋弯钩的长度，一般分别在箍筋两端各伸长 50mm 左右。

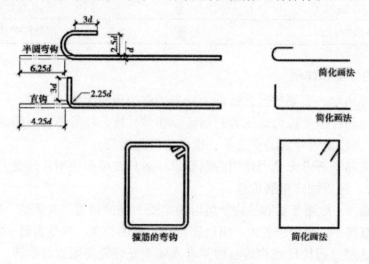

图 11-7　钢筋及钢筋的弯钩

4. 钢筋的表示方法和标注

一般钢筋的表示方法见表 11-3，表中序号 2、6 为用 45° 短线表示钢筋投影重叠时无弯钩钢筋的末端。

表 11-3　一般钢筋的表示方法

序号	名称	图例
1	钢筋断面	●
2	无弯钩的钢筋端部	
3	带半圆形弯钩的钢筋端部	
4	带直钩的钢筋端部	
5	带丝扣的钢筋端部	
6	无弯钩的钢筋搭接	
7	带半圆弯钩的钢筋搭接	
8	带直钩的钢筋搭接	
9	套管接头（花篮螺丝）	

为了区分各种类型、不同直径和数量的钢筋，要求对所表示的各种钢筋加以标注，采用引出线的方法，一般有下列两种标注方法，如图 11-8、图 11-9 所示。

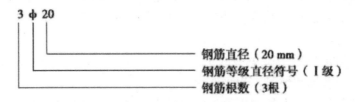

图 11-8　标注钢筋的根数、直径和等级

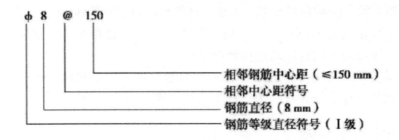

图 11-9　标注钢筋的等级、直径和相邻钢筋中心距

钢筋的长度一般列入构件的钢筋材料表中，该表通常由施工单位编制。

5. 常用构件代号

为了简明扼要地表示基础、梁、板、柱等构件，构件名称可用代号表示，常用的构件代号如表 11-4 所示。代号后面应用阿拉伯数字标注该构件的型号或编号，例如 J-1，其中 J 为基础的代号，代号后面的数字为 1，表示该基础的编号为 1。

表 11-4 常用构件代号

序号	名称	代号	序号	名称	代号	序号	名称	代号
1	板	B	15	吊车梁	DL	29	基础	J
2	屋面板	WB	16	圈梁	QL	30	设备基础	SJ
3	空心板	KB	17	过梁	GL	31	桩	ZH
4	槽形板	CB	18	连系梁	LL	32	柱间支撑	ZC
5	折板	ZB	19	基础梁	JL	33	垂直支撑	CC
6	密肋板	MB	20	楼梯梁	TL	34	水平支撑	SC
7	楼梯板	TB	21	檩条	LT	35	梯	T
8	盖板或沟盖板	GB	22	屋架	WJ	36	雨篷	YP
9	挡雨板或檐口板	YB	23	托架	TJ	37	阳台	YT
10	吊车安全走道板	DB	24	天窗架	CJ	38	梁垫	LD
11	墙板	QB	25	框架	KJ	39	预埋件	M
12	天沟板	TGB	26	钢架	GJ	40	天窗端壁	TD
13	梁	L	27	支架	ZJ	41	钢筋网	W
14	屋面梁	WL	28	柱	Z	42	钢筋骨架	G

预制钢筋混凝土构件、现浇钢筋混凝土构件、钢构件、木构件，一般可直接采用表 11-4 中的代号。在设计中，当需要区别上述构件种类时，应在图纸中加以说明。

预应力钢筋混凝土构件代号，应在构件代号前加注"Y-"，如 Y-DL 表示预应力钢筋混凝土吊车梁。

当选用标准图集或通用图集中的定型构件时，其代号或型号应按图集规定注写，并说明采用图集的名称和编号，以便查阅。

结构布置图表示结构中各种构件（包括承重构件、支撑和连系构件）的总体布置，如基础平面布置图、楼层结构平面布置图、柱网平面布置图、连系梁或墙梁立面布置图。

构件详图表示各个构件的形状、大小、材料和构造，如基础、柱、梁等构件的详图。

节点详图表示构件的细部节点、构件间连接点等的详细构造，如屋架节点详图小时屋架与柱、屋面板等构件间的连接情况。

节点详图实际上是构件详图中没有表达清楚的细部和连接构造的补充，因此可以把构件详图和节点详图合并成一类，称为结构详图。

三、图线和比例

（一）图线

钢筋混凝土构件要有适合于表达结构构件的特殊的图示方法。因此，绘图时，除了要遵守《房屋建筑制图统一标准》（CR/T 50001—2017）之外，还应遵守《建筑结构制图标准》（B/T 50105—2010）以及国家现行的相关标准、规范的规定。结构施工图中采用的各种线型应符合表 11-5 的规定。

表 11-5　线型

名称	线型	线宽	一般用途
粗实线	————————	b	螺栓、钢筋线．结构平面布置图中单线结构构件线及钢、木支撑线
中实线	————————	0.5b	结构平面图中及详图中剖到或可见墙身轮廓线、钢木结构轮廓线
细实线	————————	0.35b	钢筋混凝土构件的轮廓线、尺寸线，基础平面图中的基础轮廓线
粗虚线	— — — — —	b	不可见的钢筋、螺栓线，结构平面布置图中不可见的钢、木支撑线及单线结构构件线
中虚线	— — — — —	0.5b	结构平面图中不可见的墙身轮廓线及钢、木构件轮廓线
细虚线	— — — — —	0.35b	基础平面图中管沟轮廓线、不可见的钢筋混凝土构件轮廓线
粗点画线	—·——·——·—	b	垂直支撑、柱间支撑线
细点画线	—·—·—·—·—	0.35b	中心线、对称线、定位轴线
粗双点画线	—··——··—	b	预应力钢筋线

2. 比例

图样的比例是图形与实物相对应的线形尺寸之比。比例的大小，是指比值的大小，如 1∶50 大于 1∶100。比例宜注写在图名的右侧，字的底线应取平；比例的字高，应比图名的字高小一号或二号；绘图所用的比例，应根据图样的用途与被绘对象的复杂程度进行选用。

了解结构施工图的分类、内容及常用构件的表示方法，为掌握正确的读图方法打下良好的基础。

第二节　基础结构平面图和基础详图

一、识读基础结构平面图

（一）基础平面图的形成、内容及画法

1. 基础概述

基础是建筑物的重要组成部分，作为建筑物最下部的承重构件埋于地下，承受建筑物的全部荷载并传递至地基。

基础图表示建筑物室内地面以下基础部分的平面布置及详细构造。通常用基础平面图和基础详图来表示。建筑物上部的结构形式相应地决定基础的形式，如住宅上部

结构为砖墙承重，因而采用墙下条形基础，还常用独立基础作为柱子的基础，此外，还可以按需采用筏形基础和箱形基础等。

2. 基础平面图的形成

假想在建筑物底层室内地面下方作一水平剖切面，将剖切面下方的构件向下作水平投影，即得基础平面图。为了便于读图和施工，基础平面图表示基坑未回填土时的情况，图 11-10 所示为某住宅的基础平面图。

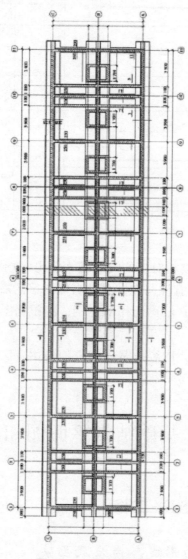

图 11-10　基础平面图

3. 基础平面图的内容

基础平面图中只需画出基础墙、基础底面轮廓线（表示基坑开挖的最小宽度）。基础的可见轮廓线可省略不画，基础的细部形状等用基础详图表示。

在基础平面图中，用中实线表示剖切到的基础墙身线，用细实线表示基础底面的轮廓线。粗实线（单线）表示可见的基础梁，不可见的基础梁用粗虚线（单线）表示。

在基础平面图中，当被剖切到的部分断面较窄，材料图例不易画出时，可以进行简化，如基础砖墙的材料图例可省略不画，用涂红表示。钢筋混凝土柱的材料图例用涂黑表示。

由于上部结构荷载的不同，基础底面的宽度和配筋也不同。为了便于区分不同宽度和配筋的基础，可用后面标注编号的代号标注，如 J-1、J-2 等，其中 J 为基础的代号，横线后面的数字是基础的编号，用阿拉伯数字顺序编号。带有编号的基础代号注写在基础断面的剖切符号的一侧，兼作基础断面剖切符号的编号，以便与基础详图相对应。为便于施工，也可用基础的宽度作为基础的编号，如用 J180 表示宽度为 1800mm 的基础，这种形式常见于条形基础的基础平面图中。

当建筑物底层有较大的洞口时，在条形基础中常设置基础梁，一般在基础平面图中用粗虚线表示基础梁的位置，并写明基础梁的代号及编号，如 JL-1、JL-2 等，以便在基础详图中查明基础梁的具体做法。

在基础平面图的基础墙中间所画的粗虚线，还表示基础圈梁（JQL）的平面位置，涂黑的矩形断面是构造柱（GZ）的断面，这是因抗震的构造需要而设置的。

4. 基础平面图的画法

基础平面图的常用比例是 1：50、1：100、1：200 等，通常采用与建筑平面图相同的比例。根据建筑平面图的定位轴线，确定基础的定位轴线燃后画出基础墙、基础宽度轮廓线等。在基础平面图中，应标出基础的定形尺寸和定位尺寸。定形尺寸包括基础墙宽、基础底面宽度、柱外形尺寸和独立基础的外形尺寸等。这些尺寸可直接标注在基础平面图上，也可用文字加以说明和用基础代号等形式标注。定位尺寸也就是基础梁、柱等的轴线尺寸，必须与建筑平面图的定位轴线及编号一致。

（二）基础平面图识读

（1）首先看图名、比例，了解当前的图纸是否是基础平面图，绘图的比例是多大。

（2）接着看基础平面中采用了哪种形式的基础或者是两种或两种以上的基础。

（3）看基础墙线是否用中实线表示，墙体的厚度是多少。

（4）看基础底面是否用细实线表示，通过基础平面中的剖切符号，了解基础有哪些宽度。

（5）看用粗实线或粗虚线表示的基础梁的位置以及基础圈梁在平面图中的位置。

（6）看涂黑的部分在基础平面图中表示什么。

（7）看基础平面图中的定位轴线和尺寸的位置，并结合该建筑物的平面图进行对应。

二、识读基础详图

（一）基础详图的内容

基础详图主要表明基础各组成部分的具体形状、大小、材料及基础埋深等。

1. 图示内容

基础详图通常采用垂直剖视图或断面图表示，应与基础平面图中被剖切的相应代号及剖切符号一致。

基础详图中一般包括基础的垫层、基础、基础墙（包括大放脚）、基础梁、防潮层等所用的材料、尺寸及配筋。为使基础墙逐步放宽，而将基础墙做成阶梯形的砌体，称为大放脚，防潮层则是为了防止地下水沿墙体上升而设置的，位于室内地坪之下、室外地面之上。设置基础圈梁时，可用基础圈梁代替防潮层。

基础详图用断面图或剖视图表示，为了突出表示基础钢筋的配置，轮廓线全部用细实线表示，不再画出钢筋混凝土的材料图例，用粗实线表示钢筋。

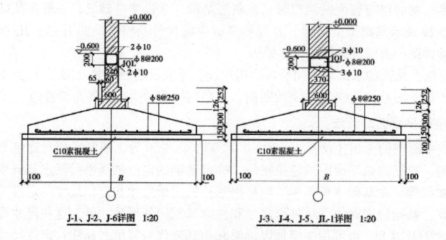

图 11-11　通用基础详图

表 11-6　基础表

基础编号	基础宽度 /mm	配筋	备注
J-1	700	素混凝土	
J-2	900	Φ10@180	
J-3	1800	Φ12@200	
J-4	2000	Φ12@160	
J-5	3000	Φ14@125	
J-6	3100	Φ14@120	

图 11-11 所示基础平面图中的各个基础的基础详图，因为各条形基础的断面形状和配筋形式较类似，就采用通用详图的形式。240mm 墙下的基础（J-1、J-2、J-6）归成一个基础详图，370mm 墙下的基础（J-3、J-4、J-5）归成另一个基础详图。基础的宽度尺寸 B 以及基础中的受力钢筋，都可以在表 11-6 中查出。

因为在楼梯间门洞下的基础 J-3 处，有基础梁和 JL-1 的高度相等，所以将 JL-1 合并画在 J-3、J4、J-5 的通用详图中。对照基础平面图可知，只有 J-3 在门洞口有 JL-1、J-4、J-5，其他部位的 J-3 各处都没有 JL-1。用双点画线画出的 JL-1 假想的轮廓线，由于 JL-1 是直接浇筑在 J-3 内，所以实际上是不存在的。用假想投影线画出其宽度为 400mm 的断面，这样可以在 J-3、JL-1 详图中显示 JL-1 的钢筋骨架形状、大小和位置。通用详图在轴线符号的圆圈内不注明具体编号，用基础注明各基础的宽度和受力筋的配置。

2. 基础详图的画法

基础详图通常采用1：10、1：20、1：50等比例绘制，先定出基础的轴线位置，基础和基础圈梁的轮廓画细实线，基础砖墙的轮廓线画中实线，但在与钢筋混凝上构件交接处，仍按钢筋混凝土构件画细实线，钢筋画粗实线或小圆点断面。基础墙断面上应画砖的材料图例，但为了清楚地表示钢筋混凝土基础钢筋，不再用材料图例表示，垫层的材料已用文字标明，也可不用材料图例表示。

基础详图中须标注基础各部分的详细尺寸及室内、室外、基础底面标高等。当尺寸数字与图线重叠时，则图线应断升，保证尺寸数字清晰、完整。

（二）基础详图识读

（1）首先看图名、比例，了解当前图纸是哪个基础的详图，绘图的比例是多大。

（2）接着看基础详图画的是哪种基础形式。

（3）看基础详图中基础由哪几部分组成。

（4）看基础墙线是否用中实线表示，基础墙宽是多少。

（5）看大放脚的形式和尺寸是多少。

（6）通过标高判断室内外高差是多少，基础防潮层的位置在哪里及内部的配筋情况。

（7）看大放脚的配筋情况，区分受力筋和分布筋。

（8）看基础详图各部分尺寸，了解基础埋深。

（9）通过基础表，查阅基础的宽度。

三、识读基础详图举例

以J-3、J4、J-5、JL-1详图为例，首先从图名和比例进行识读，明确该基础详图采用了1：20的比例。接着识读基础详图所表示的内容，从图11-11中可以看出基础由基础墙、大放脚和基础的垫层组成。

然后重点识读防潮层的位置和配筋情况，从图11-11中可以看出基础防潮层的标高为 -0.600，截面尺寸为200mmx370mm；防潮层内主要配置了受力筋和箍筋，其中受力筋共6根，采用一级钢筋，直径为10mm，箍筋为一级钢筋，直径为8mm，间距为200mm。

按照同样的方法，可以分析该基础大放脚的尺寸和配筋情况。

最后，可以看到该基础的垫层采用C10索混凝土。

由于图11-11实际上表示了J-3、J1、J-5、JL-1，4种钢筋，所以要结合表11-6基础表来分析不同基础的具体尺寸。

各种类型基础的施工现场如图11-12至图11-21所示。

图 11-12　条形基础

图 11-13　独立基础

图 11-14　筏板基础

图 11-15　箱型基础

图 11-16　桩基础

图 11-17　基础垫层

图 11-18　基础承台

图 11-19　基础施工

图 11-20　基础梁施工　　　　　　图 11-21　基础配筋

第三节　楼层、屋面结构平面图

一、识读楼层结构平面图

（一）楼层平面图的内容

结构平面图也称为结构平面布置图，用于表示墙、梁、板、柱等承重构件在平面图中的位置，是施工中布置各层承重构件的依据。

1. 楼层结构平面图的形成

楼层结构平面图是假想用一个紧贴楼面的水平面剖切楼层后所得到的水平剖视图，如图 11-22 所示是一张结构平面图，楼面上的荷载通过楼板传给横墙或梁。

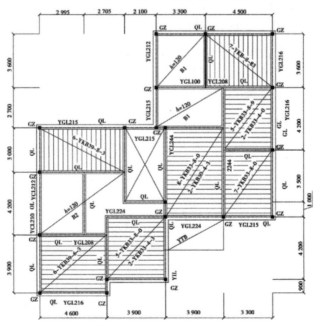

图 11-22　结构平面图

2. 楼层结构平面图的内容

一部分楼面的平面分隔比较规则，采用预应力钢筋混凝土多孔板，厨房、卫生间因需要安装管道，预留管道孔洞，防漏水，就与相邻的布置得不规则的部分一起采用现浇楼板。现浇楼板用规定的代号 B 表示。如图 11-22 所示，代号分别为 B1 和 B2，板的厚度 h=120mm，标注在现浇板部分对角线一侧。

预应力多孔板由于各个房间的开间和进深不同，布置了不同数量和不同型号的多孔板，如图 11-23 所示，分别以对角线表示铺设各片楼板的总范围，对角线的一侧注明了预应力多孔板的块数和型号。

下面以 6-YKB-39-6-3 为例讲解预应力多孔板代号及数字的含义。

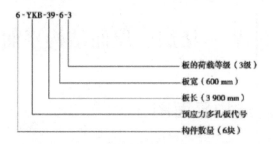

图 11-23　预应力的孔板代号及数字的含义

图中的阳台板（YTB）都是现浇的。在结构平面图上，构件可用其投影轮廓线表示，若能用单线表示清楚的，也可以用单线表示。楼梯间的结构布置一般用较大比例单独绘制表示，所以在图中楼梯间部分用细实线画出其对角线，通过另外的详图进行绘制。

图 11-23 中涂黑处表示钢筋混凝土柱的断面，其代号为 Z，GZ 为构造柱，是为抗震要求而设置的。

过梁是为门、窗等洞口而设置的，可以现浇，也可以预制。若是预制过梁，习惯上用 YGL 表示。由于门、窗洞口的大小不同，过梁的断面尺寸、配筋和长度也不同，因此可编制过梁表，标注各种过梁的受力筋、箍筋、断面尺寸和梁长，以便于对照断面图，将不同编号的过梁完整地表达清楚。预制过梁代号 YGL 后面的数字是过梁的编号，习惯上编号与过梁的断面及过梁所在门窗洞口的宽度有关，如表 11-7 所示。例如 YGL209，其中 2 代表过梁断而大小的分段编号，09 表示洞口的宽度为 900mm，以此类推。

表 11-7　YGL 表

编号	梁长 L/mm	梁宽 B/mm	钢筋	
			①	②
YGL109	1400	120	2Φ10	Φ8@200
YGL209	1400	240	2Φ10	Φ8@200
YGL212	1700	240	2Φ10	Φ8@200
YGL215	2000	240	2Φ10	Φ8@200
YGL218	2300	240	2Φ12	Φ8@200
YGL324	2900	240	2Φ20	Φ10@200

圈梁是为了增强建筑物的整体性而设置的，通常沿建筑物墙体和楼板下同一标高处现浇而成。圈梁习惯上也采用断面图的方式表达，代号为 QL，断面图中标注出圈梁的断面尺寸和钢筋配置。圈梁通过门、窗洞口时，可与过梁浇筑在一起。圈梁与其他梁（如雨篷梁、阳台梁等）的平面位置重叠时，它们应互相拉通。

构造柱是房屋抗震的一项重要措施。在多层混合结构房屋中，构造柱与基础、墙体及圈梁等其他构件可靠连接，提高了房屋的整体性和砌体的抗剪强度。在有关的建筑抗震设计规程中，对构造柱的位置、最小截面、钢筋配置以及与墙体的连接、与圈梁的连接等都有具体的规定。

3. 楼层结构平面图的画法

楼层结构平面图一般采用1：50、1：100、1：200 的比例绘制，通常与建筑平面图采用相同的比例。

为了清晰地表达结构构件的布置情况，结构平面图中可见的钢筋混凝土楼板的轮廓线用细实线表示，剖切到的墙体轮廓线用中实线表示，楼板下面不可见的墙体轮廓线用中虚线表示（包括下层门窗洞口的位置），剖切到的钢筋混凝土柱的断面用涂黑表示。对于楼板下的梁，在平面图中若用单线表示时，则用单虚线表示梁的中心线位置。

在结构平面图中，当若干房间的预制板的布置相同时（即型号和数量都相同），则可在一处用直接正投影法详细画出，标注出并在圆圈中书写代号。在其他布置相同处，只要用细实线画出铺设这一片楼板的范围，并标注出由甲、乙、丙等相对应文字的代号圆圈。

（二）楼层结构平面图识读

（1）首先看图名、比例，了解当前图纸是哪个楼层的平面图，绘图的比例是多大。
（2）通过识读楼层结构平面图，了解楼板是现浇还是预制以及它们的分布情况。
（3）了解当前的平面图中有哪些构件，分别用什么符号表示。
（4）识读预应力过梁表，了解当前楼层平面图中过梁的分布情况。
（5）理解圈梁和构造柱的作用。
（6）识读圈梁和过梁的断面图，了解它们的配筋情况。

二、识读屋面结构平面图

1. 屋面结构平面图的内容

一个房屋如果与若干层楼面的结构布置情况相同，则可合用一个结构平面图，但应注明合用各层的层数。不同结构布置的楼面应有各自的结构平面图。屋顶由于结构布置要适应排水、隔热等特殊要求，如需要设置天沟、屋面板需按坡度方向布置。所以，屋面的结构布置通常需要另用屋面结构平面图表示，它的图示内容和图示形式与楼层结构平面图类似。

2. 识读屋面结构平面图

识读屋面结构平面图的方法同识读楼层结构平面图的方法。

三、识读结构平面图举例

下面以图11-22结构平面图为例，介绍识读结构平面图的方法。

首先看图名和比例，此图为楼层的结构平面图，比例同建筑平面图一样，采用1：100的比例。接着分析该结构平面图中钢筋混凝土楼板的分布情况和具体含义，能正确识读任一空间楼板的分布表示。以左下角为例，该空间的开间为4500mm，进深为3900mm.图中用6-YKB-39-6-3来表示钢筋混凝土楼板的分布，其中6表示该空间有6块板，YKB表示该板为预应力空心板，39表示板长为3900mm，6表示板宽为600mm，3表示该板能承受的荷载等级为3级。然后需要理解QL表示该空间上的圈梁，GZ表示构造柱，YGL表示预制过梁。通过前面的学习，要明确圈梁、构造柱和预制过梁在结构图上的作用。按照同样的方法，可以分析该结构平面图中其他部分楼板的分布情况。

各种类型墙、梁、板、柱等承重构件的施工现场如图11-24至图11-36所示。

图11-24 混凝土墙

图11-25 混凝土墙配筋

图11-26 钢筋混凝土梁钢筋

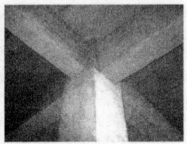

图11-27 钢筋混凝土梁

图11-28 悬挑梁

图11-29 钢筋混凝土主次梁结构

图 11-30 井字梁

图 11-31 预制混凝土楼板

图 11-32 槽形板

图 11-33 现浇板

图 11-34 现浇板配筋

图 11-35 钢筋混凝土柱

图 11-36 钢筋混凝土柱配筋

第四节 楼梯结构详图

一、识读楼梯结构平面图

(一) 楼梯结构平面图的组成

楼梯结构平面图用于表示楼梯段、楼梯梁和平台板的平面布置、代号、尺寸及结构标高。多层房屋应分别表示出底层、中间层和顶层楼梯结构平面图。

(二) 楼梯结构平面图的内容

结构平面图中，轴线编号应和建筑平面图一致，楼梯的剖视图的剖切符号通常在底层楼梯结构平面图中表示。

为了表示楼梯梁、楼梯板（即梯段板）和平台板的布置情况，楼梯结构平面图的剖切位置通常放在层间楼梯平台的上方。例如，底层楼梯结构平面图的剖切位置在一、二层之间楼梯平台的上方，与建筑平面图的剖切位置略有不同。如图 11-37 所示的底层平面图，投影上得到的是上行第一段楼梯、楼梯平台以及上行第二梯段的一部分。图 11-38 所示为楼梯中间层平面图。在楼梯结构平面图中，除了要标注出平面尺寸，通常还应标注出各梁底的结构标高和板的厚度。

楼梯结构平面图通常采用 1∶50 绘制，也可以用 1∶40、1∶30 绘制。钢筋混凝土楼梯的可见轮廓线用细实线表示，不可见的轮廓线用细虚线表示，剖切到的砖墙轮廓线用中实线表示。钢筋混凝土楼梯的楼梯梁、梯段板、楼板和平台板的重合断面，可直接画在平面图上。

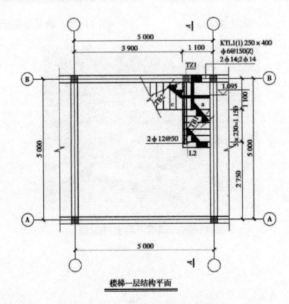

楼梯一层结构平面

图 11-37 楼梯底层结构平面图

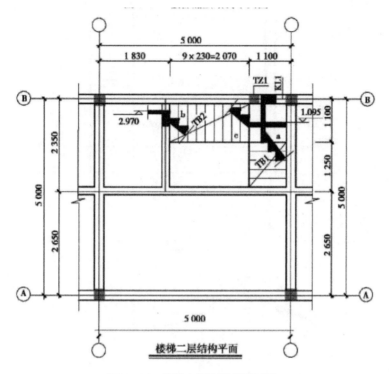

图 11-38　楼梯中间层结构平面图

（三）楼梯结构平面图识读

（1）首先看图名、比例，了解当前图纸是哪层楼梯的平面图，绘图的比例是多大。

（2）通过识读楼梯平面图，了解梯段、楼梯平台的分布情况。

（3）通过识读，了解楼梯结构平面图中梯段的断面形式、尺寸和配筋。

（4）理解 TB 表示梯段，TL 表示楼梯梁。

（5）通过识读楼梯平面图，区分不同线宽表示的内容。

二、识读楼梯结构剖面图

（一）楼梯结构剖面图的形成

楼梯结构剖面图表示楼梯的承重构件的竖向布置、构造和连接情况。楼梯结构剖面图也可以作为配筋图。在楼梯结构剖面图中不能详细表示楼梯板和楼梯梁的配筋时，可用较大比例另画出配筋图。

（二）楼梯结构剖面图的内容

图 11-39 所示为楼梯 A-A 剖面图和楼梯的配筋图。

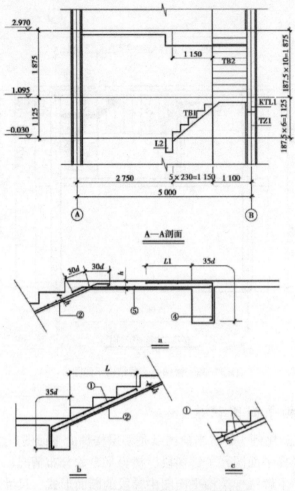

图 11-39　楼梯结构剖面图和配筋图

表 11-8 所示为楼梯板表，对照梯板表和上面的梯剖面图及配筋图，可以知道 TB1 的板厚为 120mm，里面配置的受力筋是二级钢筋，直径为 12mm，间距为 150mm；TB2 的板厚为 100mm，其中配置的受力筋为一级钢筋，直径为 10mm，间距为 120mm。

表 11-8　梯板表

编号	类型	板厚 /mm	钢筋 ①②③④⑤	L1/mm
TB1	aB	120	Φ12@150	600
TB2	bA	100	Φ10@120	600

楼梯结构剖面图一般采用与楼梯结构平面图相同的比例，配筋图可采用较大的比例画出。剖面图中应标注出楼梯平台板底标高和楼梯梁的梁底标高，用结构标高标注，梯段板的尺寸标注方式与建筑施工图相同。

为了清楚地表达钢筋的配置，楼梯配筋图中的钢筋采用粗实线表示，可见的轮廓线用细实线表示。

（三）楼梯结构剖面图识读

（1）首先看图名、比例，结合楼梯结构平面图对照，判断楼梯剖面图所在的位置。

（2）通过识读楼梯剖面图和配筋图，了解梯段的厚度和配筋情况。

（3）对照梯板表，进一步识读楼梯结构剖面图和配筋图。

（4）识读楼梯柱配筋图，了解其内部结构。

（5）通过识读楼梯剖面图，区分不同线宽表示的内容。

识读结构施工图时应注意读图的顺序，先把握整体，再熟悉局部，完整地读懂一幅结构施工图的内容。

三、识读楼梯结构详图举例

下面以图 11-37 楼层底层结构平面图为例，分析楼梯结构详图的识读方法。

首先要识读该图的名称和比例，明确画图的内容和画图的大小。接着要识读该平面图中楼梯段和平台在空间的位置，从图中可以看到，该楼梯位于空间的右上角，是一个直行转折楼梯。通过识读该楼梯的断面，可以确定该楼梯采用钢筋混凝土材料，其中 TB 表示楼梯段，图中共有 TB1 和 TB2 两段楼梯。通过标注的尺寸，可以确定 TBI 楼梯的踏步宽为 230mm，踏步的高度为两平台的标高差除以踏步数，通过计算，得到踏步的高度为 182mm。

对于 TL 楼梯梁所表示的内容，需按照梁的平法图示方法进行识读，其中 KTL 表示楼梯框架梁，1 表示 1 跨，250×400 为梁的截面尺寸，其中 b 为 250mm，h 为 400mm；Φ6@150（2）表示箍筋采用 1 级钢筋，直径为 6mm，间距为 150mm，两肢箍；2Φ14；2Φ14 表示梁的上部纵筋和下部纵筋。

按照同样的方法可以识读楼梯的其他结构详图。楼梯的施工现场如图 11-40 至图 11-44 所示。

图 11-40 钢筋混凝土楼梯　　　　图 11-41 楼梯踏步

图 11-42　楼梯施工图　　　　　　　图 11-43　旋转楼梯

图 11-44　楼梯栏杆和扶手

第五节　混凝土结构施工图平面整体表示方法

一、概述

　　混凝土结构施工图平面整体表示方法（简称平法）出现于 1991 年，最新修订的时间是 2016 年。平法的表达形式，归纳起来就是把结构构件的尺寸和配筋等相关内容，按照平面整体表示的方法制图规则，整体直接表达在各类构件的结构平面布置图上，再与标准构造详图相配合，即形成一套新型完整的结构设计。这种方法改变了传统那种直接将结构平面布置图中索引出来，再逐个绘制配筋详图的烦琐方法。平法使结构设计方便，表达注确、全面、数值唯一。一方面可以通过平法比较容易地对数据进行修正，提高了结构设计师的设计效率；另一方面可以使施工看图、记忆和查找方便，表达顺序与施工一致，有利于施工质量和检查。

　　混凝土结构平面整体表示方法的内容包括现浇混凝土框架、剪力墙、梁、板、板式楼梯、独立基础、条形基础、筏形基础和桩基承台的平法制图规则和构造详图。

二、柱平法施工图制图规则

柱平法施工图是在柱平面布置图上采用列表注写方式或截而注写方式表达。

（一）列表注写方式

列表注写方式是在柱平面布置图上（一般只需要采用适当比例绘制一张柱平而布置图，包括框架柱、框支柱、梁上柱和剪力墙上柱），分别在同一编号的柱中选择一个（有时需要选择几个）截而标注其几何参数代号；在柱表中注写柱编号、柱段起止标高、几何尺寸（含柱截而对轴线的偏心情况）与配筋的具体数值，并配以各种柱截面形状及其箍筋类型图的方式来表达柱平法施工图，如图 11-45 所示。

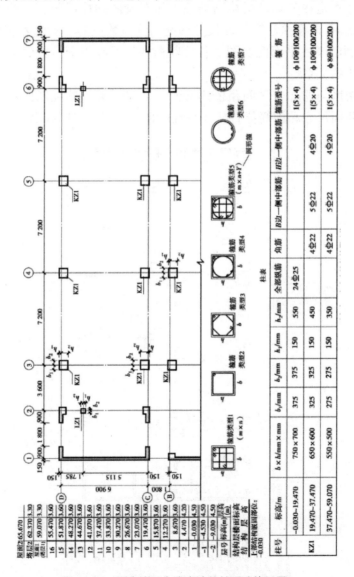

图 11-45 列表注写方式表达的柱平法施工图

其中柱的编号由类型代号和序号组成，柱的编号见表 11-9。

表 11-9　柱编号

柱类型	代号	序号
框架柱	kZ	××
框支柱	KZZ	××
芯柱	XZ	××
梁上柱	LZ	××
剪力墙上柱	QZ	××

注：编号时，当柱的总高、分段截面尺寸和配筋均对应相同，仅截面与轴线的关系不同时，仍可将其编为同一柱号，但应在图中注明截而与轴线的关系。

（一）截面注写方式

截面注写方式是在分标准层绘制的柱平面布置图的柱截面上，分别在同一编号的柱中选择一个截面，以直接注写截面尺寸和配筋具体数值的方式来表达柱平法施工图。图中可用双比例法画柱平而配筋图。各柱断面在柱所在平面位置经放大后，在两个方向上注明同轴线的关系。

柱箍筋加密区与非加密区间距值用分升。多层框架柱的柱断面尺寸和配筋值变化不大时，可将断面尺寸和配筋值直接注写在断面上，如图 11-46 所示。

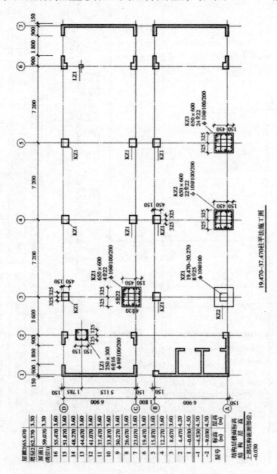

图 11-46　截面注写方式表达的柱平法施工图

三、梁平法施工图制图规则

梁平法施工图是在梁平面布置图上采用平面注写方式或截而注写方式表达。梁平面布置图，应分别按梁的不同结构层（标准层），将全部梁和与其相关联的柱、墙、板一起采用适当的比例绘制。在梁平法施工图中，应当用表格或其他方式注明各层的结构层楼（地）面标高、结构层高及相应的结构层号。

（一）平面注写方式

平面注写方式是在梁平面布置图上，分别在不同编号的梁中各选一根梁，在其上注写截面尺寸和配筋具体数值来表达梁平法施工图。平而注写包括集中标注与原位标注，集中标注表达梁的通用数值，原位标注表达梁的特殊数值。当集中标注中的某项数值不适用于梁的某部位时，则将该项数值原位标注，平面注写方式如图11-47所示。

梁集中标注时，梁编号、梁截面尺寸（断面宽 x 断面高，用 bxh 表示）、梁箍筋、梁上部通长筋或架立筋配置、梁侧而纵向构造钢筋或受扭钢筋配置等5项为必注值，梁顶面标高高差值为选注值。

注写时，当梁上部或下部受力筋多于一排时，各排筋值从上往下用"/"分开，"6Φ25 2/4"表示上一排为2Φ25，下一排为4Φ25；同排钢筋为两种宜径时，用"+"号相连，如图11-47所示。箍筋加密区与非加密区的不同间距及肢数需用斜线"/"分隔，箍筋肢数应注写在括号内，如图11-47所示的帧 φ8@100/200（2）表示箍筋为一级钢筋，直径为8mm，加密区的间距为100mm，非加密区的间距为200mm，均为两肢箍。梁侧面纵向构造钢筋注写值以大写字母G打头，注写设置在梁两个侧面的总配筋值，且对称配置。图11-47中的7G2φ10表示梁的两个侧面共配置4φ10的纵向构造钢筋，每侧各配置2φ10，梁侧面需配置受扭纵向钢筋时，注写值以大写字母N打头，且不再重复配置纵向构造钢筋。例如，N6φ22表示梁的两个侧面共配置6φ22受扭纵向钢筋，每侧各配置3φ33。

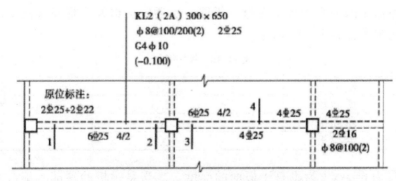

图 11-47 平面注写方式表达的梁平法施工图

（二）截面注写方式

截面注写方式是在分标准层绘制的梁平面布置图上，分别在不同编号的梁中各选择一根梁用剖面号引出配筋图，并在其上注写截面尺寸和配筋具体数值来表达梁平法施工图。截面注写方式既可以单独使用，也可与平面注写方式结合使用，如图 11-48 所示。

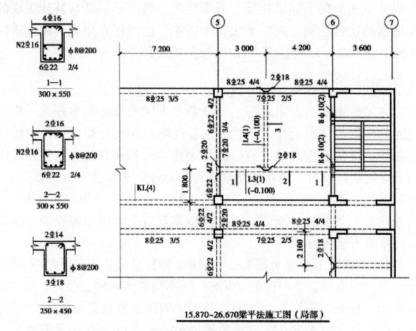

15.870~26.670梁平法施工图（局部）

图 11-48 截面注写方式表达的梁平法施工图

四、板平法施工图制图规则

板平法施工图是在板平面布置图上采用平面注写方式，板的平面注写方式包括板块集中标注和板支座原位标注。

（一）板块集中标注

板块集中标注的内容为板块编号、板厚、贯通纵筋以及当板面标高不同时的标高高差。板块的编号如表 11-10 所示。

表 11-10 板块编号

板类型	代号	序号
楼面板	LB	××
屋面板	WB	××
悬挑板	XB	××

板厚注写为 h=xxx（为垂直于板面的厚度）。当悬挑板的端部改编截面厚度时，用斜线分隔根部与端部的高度值，注写为 h=xxx/xxx；当设计已在图注中统一注明板厚时，此项可不注。

贯通纵筋按板块的下部和上部分别注写（当板块上部不设贯通纵筋时则不注），并以 B 代表下部，以 T 代表上部，B&T 代表下部与上部，X 向贯通纵筋以 X 打头，Y

向贯通纵筋以 Y 打头，两向贯通纵筋配置相同时则以 X&Y 打头。

当为单项板时，分布筋可不必注写，而在图中统一注明。

当在某些板内（如在悬挑板 XB 的下部）配置有构造钢筋时，则 X 向以 Xc，Y 向以 Yc 打头注写。

当 Y 向采用放射配筋时（切向为 X 向，径向为 Y 向），设计者应注明配筋间距的定位尺寸。

当以通筋采用两种规格钢筋"隔一布一"方式时，表达为 $\phi xx/yy@xxx$，表示直径为 xx 的钢筋和宜径为 yy 的钢筋二者之间间距为 xxx，直径 xx 的钢筋的间距为 xxx 的 2 倍，直径 yy 的钢筋的间距为 xxx 的 2 倍。

板面标高高差是指相对于结构层楼面标高的高差，应将其注写在括号内，且有高差则注，无高差不注。

板块集中标注如图 11-49 所示。

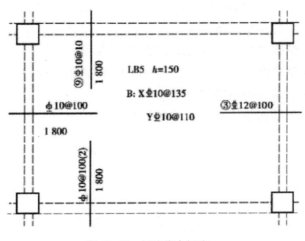

图 11-49　板块集中标注

（二）板支座原位标注

板支座原位标注的内容有板支座上部非贯通纵筋和悬挑板上部受力钢筋。

板支座原位标注的钢筋，应在配置相同跨的第一跨表达（当在梁悬挑部位单独配置时，则在原位表达）。

在配置相同跨的第一跨（或梁悬挑部位），垂直于板支座（梁或墙）则绘制一段适宜长度的中粗实线，以该线段代表支座上部非贯通纵筋，并在线段上注写钢筋编号（如①、②等）、配筋值、横向连续布置的跨数（注写在括号内，且当为一跨时可不注），以及是否横向布置到梁的悬挑端。

板支座非贯穿纵筋自支座中线向跨内的伸出长度，注写在线段的下部位置。当中间支座上部非贯通纵筋向支座两侧对称伸出时，可仅在支座一侧线段下方标注伸出长度，另一侧不标注。

当向支座两侧非对称伸出时，应分别在支座两侧线段下方注写伸出长度，如图 11-50 所示。

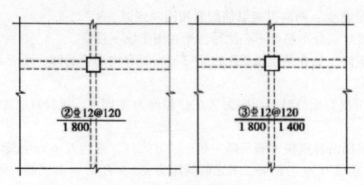

图 11-50　板块原位标注

结构施工图主要表示建筑物各承重构件的布置、形状、大小、材料及构造，并反映其他专业对结构设计的要求，为建造房屋时开挖地基、制作构件、绑扎钢筋、设置预埋件以及安装梁、板、柱等构件服务，同时也是编制建造房屋的工程预算和施工组织计划等的依据。要求掌握的内容如下：

（1）结构施工图的主要内容。

（2）识读基础结构平面图和基础详图的主要内容。

（3）识读楼层结构施工图和屋面结构施工图的主要内容。

（4）识读楼梯结构详图的主要内容。

（5）理解混凝土结构施工图平面整体表示方法。

参考文献

[1] 游普元.建筑制图 第2版［M］.重庆：重庆大学出版社，2022.02.

[2] 虞焕新，孙群伦主编.建筑工程技术实践［M］.沈阳：东北大学出版社，2022.03.

[3] 孟琳编.建筑构造［M］.北京：北京理工大学出版社，2021.01.

[4] 陈斌主编.建筑材料 第4版［M］.重庆：重庆大学出版社，2021.07.

[5] 高林华主编.建筑制图与识图［M］.重庆：重庆大学出版社，2021.02.

[6] 刘雁，李琮琦主编.建筑结构［M］.南京：东南大学出版社，2020.09.

[7] 李慧宇，董海龙，林格主编.建筑构造与识图［M］.上海：同济大学出版社，2020.10.

[8] 钟汉华，董伟主编.建筑工程施工工艺［M］.重庆：重庆大学出版社，2020.07.

[9] 苑芳友主编.建筑材料与检测技术［M］.北京：北京理工大学出版社，2020.06.

[10] 胡铁明主编.高层建筑施工［M］.武汉：武汉理工大学出版社，2020.06.

[11] 凌艺春，余荣春主编.建筑制图与识图［M］.北京：北京理工大学出版社，2020.06.

[12] 王子夺主编.建筑艺术造型设计［M］.北京：中国建材工业出版社，2020.08.

[13] 刘雁主编.建筑结构 第4版［M］.北京：机械工业出版社，2020.10.

[14] 王向阳，林辉，梁骏编著.建筑装饰材料［M］.沈阳：辽宁美术出版社，2020.08.

[15] 朱浪涛.建筑结构［M］.重庆：重庆大学出版社，2020.09.

[16] 张建新，宁欣，陈小波编著.建筑结构［M］.沈阳：东北财经大学出版社，2019.02.

[17] 杜咏，岳健广主编.建筑结构［M］.武汉：武汉大学出版社，2018.06.

[18] 熊丹安，王芳主编；赵亮，付慧琼，汪芳副主编.建筑结构［M］.广州：华南理工大学出版社，2017.12.

[19] 刘莉著.建筑制图［M］.武汉：华中科技大学出版社，2017.09.

[20] 何培斌编著.建筑制图与识图［M］.重庆：重庆大学出版社，2017.03.

[21] 江依娜，蒋粤闽主编.建筑制图与识图［M］.镇江：江苏大学出版社，

2019.01.

　　[22] 佘勇，叶晟，檀素丽主编．建筑制图与识图［M］．上海：上海交通大学出版社，2017.02.